U0318519

人工智能
与机械臂

主编 姚 炜 刘培超 陶 金

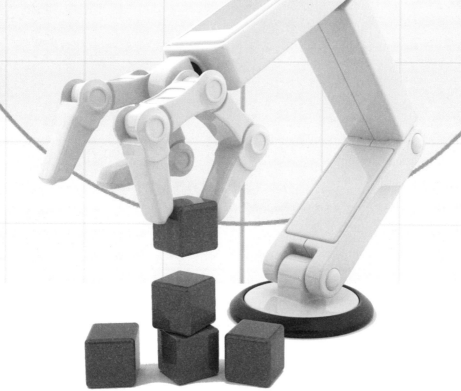

苏州大学出版社
Soochow University Press

图书在版编目(CIP)数据

人工智能与机械臂 / 姚炜,刘培超,陶金主编. — 苏州:苏州大学出版社,2018.9(2020.6重印)
ISBN 978-7-5672-2617-3

Ⅰ.①人… Ⅱ.①姚…②刘…③陶… Ⅲ.①机械手 Ⅳ.①TP241

中国版本图书馆 CIP 数据核字(2018)第 211023 号

人工智能与机械臂

RENGONGZHINENG YU JIXIEBI

姚 炜 刘培超 陶 金 主编

责任编辑 李 娟

苏州大学出版社出版发行
(地址:苏州市十梓街 1 号 邮编:215006)
龙口市新华林文化发展有限公司
(山东省烟台市龙口市高新技术产业园区(通海路与石黄公路交汇处路西))

开本 889 mm×1 194 mm 1/16 印张 9 字数 146 千
2018 年 9 月第 1 版 2020 年 6 月第 3 次印刷
ISBN 978-7-5672-2617-3 定价:46.00 元

若有印装错误,本社负责调换
苏州大学出版社营销部 电话:0512-67481020
苏州大学出版社网址 http://www.sudapress.com

编 委 会

顾　　　问：王本中　孙夕礼

主　　　编：姚　炜　刘培超　陶　金

副　主　编：（按姓氏笔画排序）

　　　　　　王凤进　尹利和　许培军　杜春晓　何　强　韩明珠

编委会主任：（按姓氏笔画排序）

　　　　　　王　媛　王志宏　刘　飞　汤晓华　杨念鲁　陈言俊

编　　　委：（按姓氏笔画排序）

　　　　　　丁贞文　于　涛　王　云　王迎军　王琮琮　王鹤凝

　　　　　　付亦宁　冯伟成　宁　宁　朱洪敏　闫　娇　李　娜

　　　　　　李　琳　李志清　吴福财　何丽珠　邹　欣　宋　阳

　　　　　　宋志峰　张　琳　张金明　金纪元　赵　亮　赵　娜

　　　　　　赵世波　赵培恩　徐思婷　徐晓梅　符佼琳　葛国旺

　　　　　　程化军　廖靖波　魏晓琳

前　言

　　"人工智能"是一门由计算机科学、语言学、心理学、哲学、数学等多学科相互渗透而发展起来的综合性学科，它兴起于 20 世纪 50 年代中期。在人工智能逐渐被认识和发展的过程中，知识作为智能的基础开始受到研究者们的高度重视，这使得人工智能从实验室研究走向实际应用领域。如今，人工智能成为新一轮科技革命和产业革命的重要着力点，它的不断发展，让脑力劳动实现了自动化，体力劳动实现了智能化。

　　教育的现代化，必定离不开现代科学强有力的支撑。当人工智能日益成为社会热点话题时，人们也开始思考如何利用人工智能为教育及其变革注入新的力量。作为信息技术一个不可缺少的重要组成部分，人工智能相关课程的教学对学生信息素养的培养具有积极作用，并有助于开阔学生的视野、培养学生的兴趣爱好、激发学生对信息技术美好未来的追求，从而为其今后走入社会奠定良好的基础。

　　将 STEAM 教育与人工智能相结合，是教育的发展趋势，也是社会的发展趋势。2016 年 6 月，教育部印发的《关于"十三五"期间全面深入推进教育信息化工作的指导意见》强调，要"探索 STEAM 教育、创客教育等新教育模式，使学生具有较强的信息意识与创新意识"。2017 年 7 月，国务院印发的《新一代人工智能发展规划》明确指出"在中小学阶段设置人工智能相关课程，逐步推广编程教育"。2018 年 4 月，教育部印发的《高等学校人工智能创新行动计划》再一次强调，要"构建人工智能多层次教育体系，在中小学阶段引入人工智能普及教育"。

　　由圣陶教育与越疆科技共同研发的《人工智能与机械臂》教材正是在这样的背景下出版的。这本教材共 12 课，以生活中的实际问题为引线，在了解机械臂的运作原理、操作方法的同时，结合美术、数学、物理、科学等学科知识与原理，帮助学生了解并探索人工智能的相关内容，引导学生重视人工智能与其他学科教育的交叉融合，力求通过知识的整合为学生营造逼近真实、富有现实意义的学习情境。同时，教材注重学生应用能力、思维能力、探究能力、创新能力、解决问题的能力以及团队协作能力的提升，期望学生能够在认知的基础上实现思维模式、学习方式等方面的拓展，从而全面提升学生知识、能力与情感等方面的核心素养。

　　因编者水平有限，教材中难免存在一些错漏之处，敬请读者批评指正。

目　录

第一课 隐形的力量

>>>>

场景导入

西藏的美景

　　这里是终极之地，这里是雪域圣境；这里有神山圣湖，这里有厚土淳民，这里还有我们无限的遐想……走在这片土地上，极目远眺，净空中，有放声的欲望，那是寄托于天地之间的激情，流淌于山水之间的缠绵。天空飘荡着纯净，世界屋脊带来心灵的洗礼。仰望大地孕育高耸的山峦，俯瞰山峦怀抱奔流的江水，抚摸眼前升腾的白云……

布达拉宫

大昭寺

珠穆朗玛峰

巴松措

可怕的高原反应

平均海拔 3000 米以上的拉萨，含氧量只有平原地区的 70% 左右，多数人在拉萨会出现不同程度的高原反应。一些向往进藏旅游的游客，因为担心出现高原反应而迟迟未能实现愿望。

 科技加油站

高原反应（high altitude reaction），亦称高原病、高山病。登上空气稀薄的高山或高原地区因缺氧而引起的病理状态。一般健康人在海拔 3000 米以上有头痛、头晕、恶心、呼吸困难、心跳加快等症状，严重时四肢麻木甚至昏迷。

产生高原反应的原因

由于地球引力的作用，以及氧气的密度略大于空气，所以空气中的氧气都分布在地势比较低的地方，随着地势的升高，空气中的含氧量大大减少。同时，空气压强随着海拔的升高而降低，而人体内的压强未变，这就使得人体内外压强不相等，导致呼吸更加困难。所以，高原反应产生的主要原因是高原氧气含量的减少和气压降低导致的呼吸困难。

实验1 体验大气压的存在

如下图所示，将两个塑料吸盘面对面相互压紧，然后向两侧拉，为什么要用较大的力才能将它们拉开？

（a）两个塑料吸盘　　　　（b）对压挤出吸盘中的空气　　　　（c）用力向两侧拉

把熟鸡蛋的壳剥去，按下图所示步骤做实验，观察鸡蛋会怎样，为什么会发生这一现象？

（a）瓶底铺一层沙子 （b）将点燃的酒精棉放入瓶中 （c）将去了壳的熟鸡蛋放在瓶口

通过实验1和实验2，我们了解到：因为＿＿＿＿＿＿＿＿＿＿，两个相对压紧的吸盘＿＿＿＿＿＿＿＿＿＿，熟鸡蛋会＿＿＿＿＿＿＿＿＿＿。

物理大师——大气压强

大气压是＿＿＿＿＿＿产生的，大气具有流动性，所以大气压的方向是＿＿＿＿＿＿。

原来，带真空吸盘的机械臂也是利用了＿＿＿＿＿＿。

创意设计

大气在生活中发挥着重要的作用，但是因为它无色无味，我们往往忽视了它的存在。设想一下，如果某一天大气消失了，我们还会安然无恙吗？

在科学家们的努力下，我们现在已经知道了大气压的存在，而且我们生活中有很多利用大气压工作的工具，如打气筒、高压锅。不仅如此，工业上也生产出越来越多利用大气压工作的机器，如下图所示。

这种带有真空吸盘利用大气压工作的机械臂不仅解放了双手，而且大大提高了搬运效率。让我们一起来体验大气压的能耐吧！

项目实践　小搬运工程

项目要求：利用机械臂，将平放在桌面上的三个纸杯叠在一起。

项目评分：用时越少，得分越高。

模块 1：认识机械臂

 科技加油站

机械臂的结构（以 Dobot 机械臂为例）从下到上为：底座、大臂、小臂以及头部，除 Joint4 由舵机连接外，其余三个轴通过步进电机连接，四个轴依次对应四个关节（Joint1，Joint2，Joint3，Joint4），可以实现一定角度的转动，如下图所示。

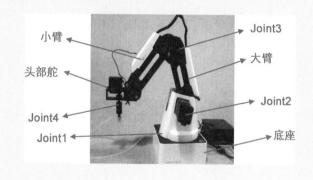

机械臂介绍

模块 2：控制机械臂

1. DobotStudio 软件及连接

DobotStudio 软件是 Dobot 机械臂的专用操控软件，安装后，我们就能通过计算机来控制机械臂的移动。

（1）在计算机上打开 DobotStudio 软件

安装时在弹出的对话框中选择"中文"，安装完成后界面将以"中文"显示，如下页图所示。

（2）用 USB 线连接机械臂和计算机

设置好端口号后，点击界面左上角的"连接"按钮，如下图所示。该按钮显示为"断开连接"时，表示机械臂已连接成功。

注意 软件的右上角区域有三个按钮，如下图所示。

"设置"按钮按下时可对各功能的相关参数进行设置，以后在介绍相应功能时会讲到。

"归零"按钮按下时 Dobot 会自动顺时针旋转到底，然后再回到设定的 Home 点，Home 点可以自定义。

"紧急停止"按钮按下时 Dobot 会立即停止所有动作。

2. 气泵、吸盘套件连接

（1）取出吸盘套件

如下页图所示。

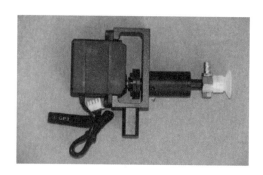

（2）将气泵盒的气管连接在吸盘的气管接头上

如下图所示。

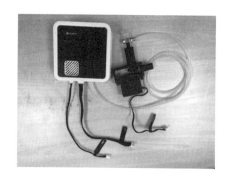

（3）把吸盘套件和气泵安装到 Dobot 上

如下图所示，将气泵盒的电源线 SW1 接在主控盒接口 SW1 上，信号线接在接口 GP1 上；将吸盘套件通过蝶形螺母拧紧在机械臂末端插口中；将 Joint4 舵机线 GP3 接在小臂接口 GP3 上即可。

（4）通过"工具"选项菜单，设置末端夹具为"吸盘"

如下图所示。

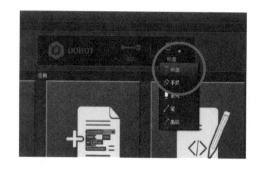 

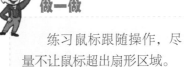

试一试

　　如何启动吸盘？在操作面板右下角，勾选"吸盘"选项，气泵工作，吸盘就可以吸取物体。再次点击"吸盘"选项取消勾选，气泵即停止工作，吸盘松开物体。

3. 鼠标控制机械臂运动

（1）鼠标控制界面介绍

　　在主界面点击"鼠标"功能模块进入相应的鼠标控制界面，如下图所示。

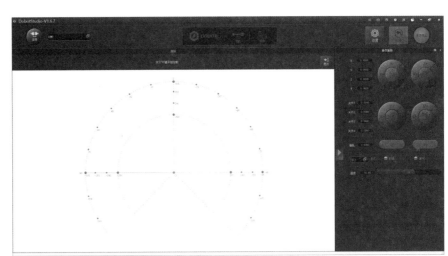

（2）鼠标跟随模式

　　"鼠标跟随"就是使机械臂跟随鼠标移动。将鼠标定位在扇形区域内，按下键盘上的"Ⅴ"键可以开始控制，机械臂会跟随鼠标移动，再次按下"Ⅴ"键可停止控制，如下图所示。

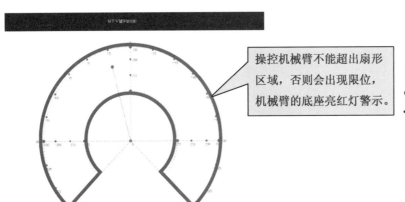

操控机械臂不能超出扇形区域，否则会出现限位，机械臂的底座亮红灯警示。

做一做

　　练习鼠标跟随操作，尽量不让鼠标超出扇形区域。

（3）坐标系控制模式

　　"坐标系控制模式"是一种通过空间坐标系对机械臂进行操纵的模式，机械臂的坐标系如下图所示。

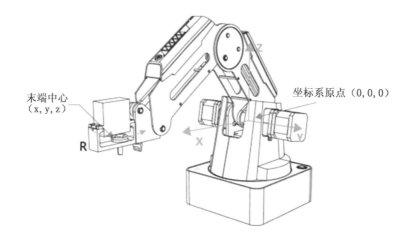

通过点击控制面板上的按钮对机械臂进行控制，如下图所示。

做一做

利用坐标系控制和吸盘控制，将平放在桌面上的三个纸杯叠放在一起。

步骤 1：控制 Z 轴，使吸盘高于一定高度，再分别控制 X 轴和 Y 轴，移动到左侧的纸杯正上方，控制 Z 轴，使吸盘落到杯底，启动吸盘将纸杯吸住，如下图所示。

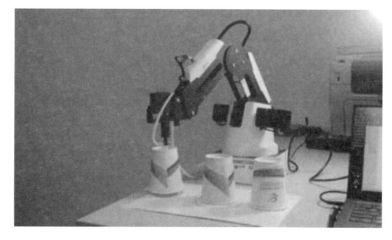

步骤 2：控制 Z 轴，用机械臂将纸杯提起到一定高度，再分别控制 X 轴和 Y 轴，移动到中

间的纸杯正上方，关闭吸盘，如下图所示。

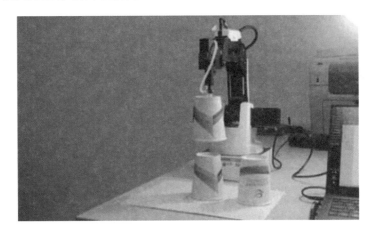

步骤3：右侧的纸杯按照步骤1、步骤2重复执行，完成任务，如下图所示。

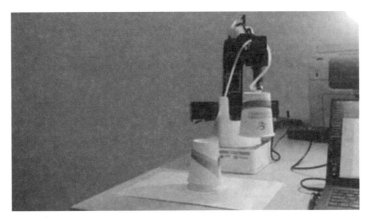

（4）单轴控制模式

"单轴控制模式"是一种通过四个关节对机械臂进行操纵的模式。机械臂的四个关节如下图所示。

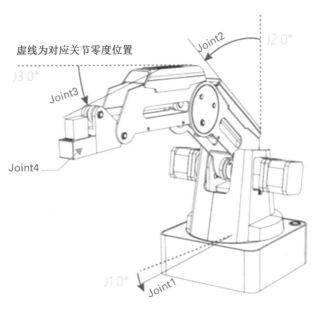

长按相应按钮时，机械臂对应的舵机独立地旋转，松开按钮时旋转停止，如左下图所示。

做一做

利用单轴控制和吸盘控制，将平放在桌面上的三个纸杯叠放在一起。

步骤 1：_____

步骤 2：_____

步骤 3：_____

分享与评价

交流分享

控制模式	使用相应控制模式的经验
鼠标跟随模式	
坐标系控制模式	
单轴控制模式	

综合评价

评价方法	评价环节	评价内容（行动指标）	评价标准 根据实际情况做出合理评价，给下面的星星涂色
自我评价	场景导入	理解产生高原反应的主要原因	☆ ☆ ☆ ☆ ☆
		了解大气压的存在，理解气压差的效果	☆ ☆ ☆ ☆ ☆
	创意设计	学会计算机与DobotStudio软件的连接及DobotStudio软件的使用	☆ ☆ ☆ ☆ ☆
		学会气泵、吸盘套件的连接	☆ ☆ ☆ ☆ ☆
		学会鼠标控制的三种模式	☆ ☆ ☆ ☆ ☆
相互评价	创意设计	能够在学习过程中与同伴合作	☆ ☆ ☆ ☆ ☆
	分享与评价	能够分享三种控制模式的应用心得	☆ ☆ ☆ ☆ ☆

技能拓展

积木接力搬运比赛

游戏规则：如下图所示，A 区域为积木摆放初始位置，B 区域为积木摆放目标位置。以小组为单位，自行确定组员顺序，每个组员移动一块积木，将所有积木从 A 区域移动到 B 区域。不能超出框外，不能压线，准确放置完所有积木即为完成比赛，按照完成比赛先后进行排名。

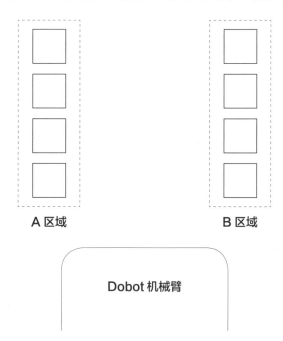

A 区域　　　　　　　B 区域

Dobot 机械臂

比赛记录：

组号	轮次	控制模式	累计用时	名次
	第一轮	鼠标跟随模式		
	第二轮	坐标系控制模式		
	第三轮	单轴控制模式		
	第四轮	组合运用各模式		

想一想

　　机械臂的三种控制模式各自有什么优劣？有可能通过什么方式增大机械臂的活动范围？机械臂有什么可以改进的地方吗？

技能升级

刚才的游戏是不是很刺激？同学们都学会使用机械臂来完成特定任务了吗？告诉大家一个小秘密，我们只要稍作设置，机械臂就可以自动完成任务，让我们来体验一下机械臂的示教再现功能吧。

打开 DobotStudio 并连接上机械臂，在应用区选择第一个模块"示教 & 再现"，这时候看到的是示教再现功能的主界面，如下图所示。

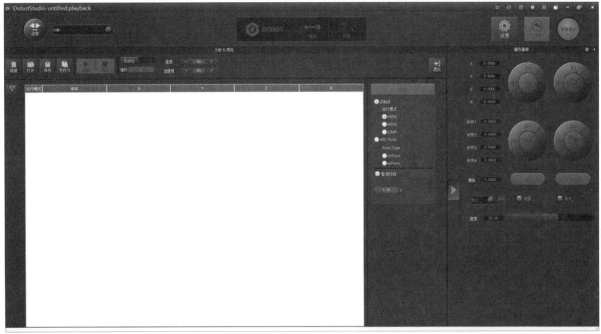

12

示教再现功能有两种主要模式，一种是存点示教，另一种是手持示教。

存点示教

存点：将机械臂运动过程中重要的节点或者转折点保存下来，便于以后修改或重复使用，如下图所示。

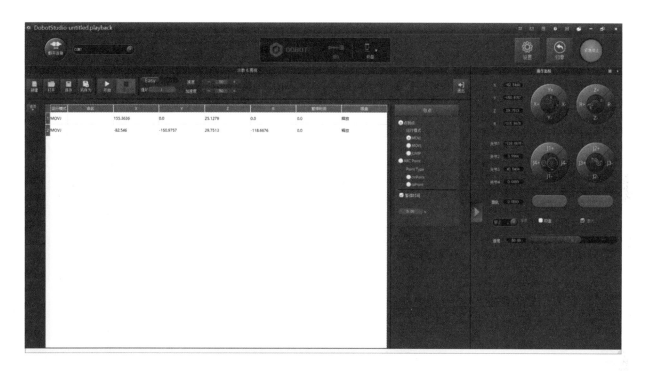

存点之间的点到点运动模式有 JUMP（下图左）、MOVJ 和 MOVL（下图右）三种。

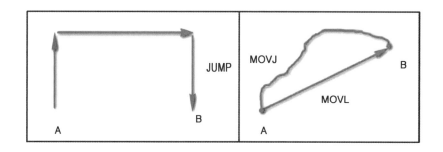

将点动的模式及吸盘的状态设置好并保存，依次完成所有点后，点击"开始"，机械臂将自动完成刚才的一系列动作。

 做一做

练习使用存点示教法完成积木搬运，尝试运用不同的运动模式，归纳出三种模式的区别。

	MOVJ 模式	MOVL 模式	JUMP 模式
区别			

手持示教

　　在"手持示教"选项卡中勾选"启用手持示教功能"则开启该功能,此时按住小臂的圆形解锁按钮(UnlockKey),拖动机械臂到任意位置,松开按钮就可以自动保存一个存点。配合按住"解锁键存点"选项使用,就可以连续存点,实现精准的轨迹复现,如下图所示。

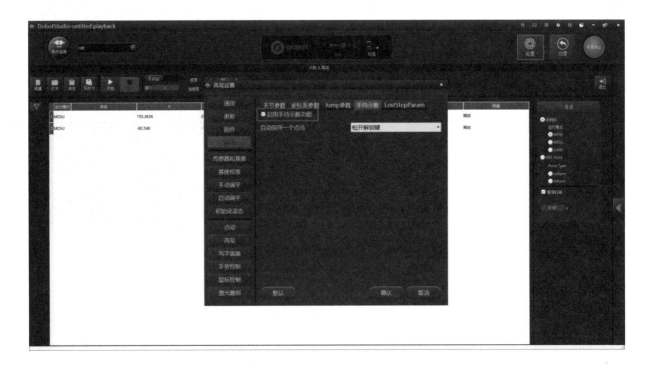

　　练习使用手持示教法,存点示教与手持示教有什么区别?你更喜欢哪一种?为什么?

第二课 ▸ 神来之"手"

>>>>

场景导入

　　在集装箱码头，工作人员有条不紊地将一个个集装箱从轮船上转移到码头上，数吨重的集装箱在工作人员的操控下显得非常"听话"，这是为什么呢？通过操控起重机等设备，工作人员可以轻易地将集装箱吊起，并将集装箱转移到指定地点。那么，工作人员又是怎么操控设备，并将集装箱转移位置的呢？

集装箱装卸视频

　　观看视频，思考工作人员是如何操控设备，并利用什么装置将集装箱吊起、转移位置的。

小手柄控制大设备

　　游戏设备、轮椅、草木修剪机械、叉车、重型机械、起重机械、F-15喷气式战斗机……这些设备中都有一个功能相同的装置——操纵杆，通过这小小的操纵杆，使用者便可以用双手控制小到游戏机、大到战斗机等设备来完成各种动作。

　　操纵杆是一种将塑料杆的运动转换成计算机能够处理的电子信息的物理设备。操纵杆的种类有很多，手柄便是其中一种，各种类型的操纵杆运作的基本原理大致相同，不同操纵技术的差别主要体现在它们所传送的信息的多少。

创意设计

　　当神奇的手柄遇上人类双手的延伸——手爪后，我们便具备了四两拨千斤的能力。但是，我们应该如何掌握这种能力呢？下面，我们通过两个活动来体验手爪与手柄的功能。活动过程中，请同学们思考如何将这些工具运用于我们的日常生活中。

项目实践 1　手爪攻克汉诺塔

　　项目要求：使用机械臂的手爪套件完成汉诺塔问题。

　　项目评分：使用步数越少，得分越高。

1. 汉诺塔

　　汉诺塔是源于印度一个古老传说的益智玩具，相传大梵天创造世界的时候做了三根金刚石柱子，在一根柱子上从下往上按照大小顺序摞着 64 片黄金圆盘。大梵天命令婆罗门把圆盘从下往上按照大小顺序重新摆放在另一根柱子上，并且规定，在小圆盘上不能放大圆盘，在三根柱子之间一次只能移动一个圆盘。

想一想

我们应该如何解决汉诺塔问题？如何移动才能实现移动步数最少？

2. 安装手爪套件

（1）组装手爪与机械臂

将手爪套件通过蝶形螺母拧紧在机械臂末端插口中，如下图所示。

（2）连接气泵与手爪

将气泵盒的气管连接在手爪的气管接头上，如下图所示。

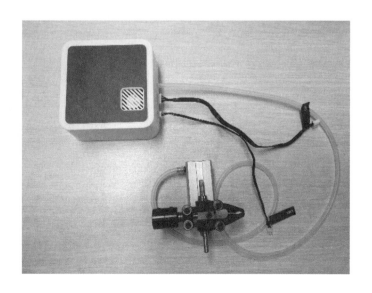

（3）将 Joint4 舵机线 GP3 接在小臂接口 GP3 上

如下图所示，手爪系统套件安装完成。

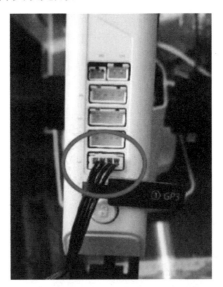

（4）通过主面板上的"工具"选项菜单，设置末端夹具为"手爪"

如下图所示。

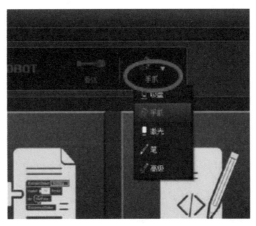

试一试

打开手爪下拉菜单，分别选中"张开"和"闭合"选项，气泵即会工作，带动手爪张开、闭合，从而完成抓取动作。

做一做

各小组利用鼠标单轴控制和手爪控制，攻克桌面上的汉诺塔，为降低游戏的难度，我们选用 5 个圆盘。

1. 由老师担任裁判，记录每个小组按照要求成功移动圆盘所需的步数，所用步数最少的小组获胜。

组别	所用步数
1	
2	
3	
4	
5	
6	

2. 获胜小组介绍本组的操作步骤与设计思路。

3. 各小组思考是否还存在其他步数更少的操作。

科技加油站

汉诺塔中的数学原理

64 个圆盘重新摆好需要移动几次呢？假设圆盘个数为 n，移动次数为 $f(n)$。

当 $n=1$ 时，$f(n)=1$；

当 $n=2$ 时，$f(n)=3$；

当 $n=3$ 时，$f(n)=7$；

当 $n=4$ 时，$f(n)=f(n-1)+1+f(n-1)=2f(n-1)+1=15$。

那么，$f(n)=2f(n-1)+1=2^n-1$。

也就是说，当 $n=64$ 时，$f(n)=2^{64}-1=18446744073709551615$，

所以，64 个圆盘重新摆好至少需要移动 18446744073709551615 次。

项目实践 2　机械臂围棋大战

项目要求：控制机械臂进行围棋大赛。

项目评分：围棋获胜方获胜。

手柄套件包含手柄和 USB Host 模块，机械臂通电前，先将 USB Host 模块接在机械臂底

座后 10 pin 的通信端口。

1. 连接方式

手柄套件采用无线连接方式，连接的示意图如下。

使用无线方式安装好后，插入并开启机械臂主电源，此时手柄模块的绿灯亮起，并可以听到 4 声短响表示初始化完毕。同时按住手柄上的"Home"键和"A"键，即可启动手柄。

注意 手柄是脱机使用，需要先断开与计算机的连接才能正常使用。

2. 手柄控制模式

手柄和软件控制 Dobot 一般有两种控制方式，Linear 坐标系模式和 Jog 点动模式（单轴模式），通过手柄上"L1/R1"按键切换（L1 代表 Jog 点动模式，R1 代表 Linear 坐标系模式）。

控制方式说明如下表所示。

（1）Linear 坐标系模式

功能	对应按键
开启手柄	同时按住"Home"键和"A"键约 2 秒
关闭手柄	按住"Home"键约 2 秒
机械臂 X+/X-	左摇杆前 / 后移动
机械臂 Y+/Y-	左摇杆左 / 右移动
机械臂 Z+/Z-	右摇杆前 / 后移动
Joint4 舵机旋转 R+/R-	右摇杆左 / 右移动
吸盘 ON	"X"键
手爪 ON	"Y"键
释放吸盘 / 手爪	"B"键

（2）Jog 点动模式（单轴模式）

功能	对应按键
开启手柄	同时按住"Home"键和"A"键约 2 秒
关闭手柄	按住"Home"键约 2 秒
机械臂 Joint1+/Joint1-	左摇杆前 / 后移动
机械臂 Joint2+/Joint2-	左摇杆左 / 右移动
机械臂 Joint3+/Joint3-	右摇杆前 / 后移动
Joint4 舵机旋转 R+/R-	右摇杆左 / 右移动
吸盘 ON	"X"键
手爪 ON	"Y"键
释放吸盘 / 手爪	"B"键

做一做

分别练习手柄的两种控制模式，控制吸盘吸取棋子。简单练习后，从中选择较为熟练的一种模式进行比赛。

1. 以小组为单位，两组为一个对战组合，进行对弈。

2. 对战双方小组成员划分任务，分智囊担当和操作担当。

对战双方	智囊担当	操作担当
黑方		
白方		

3. 由老师担任裁判并维持围棋比赛秩序，记录最终比赛结果。

分享与评价

交流分享

总结并反思比赛中出现的问题以及应对措施，整理本课的学习收获与感想。

	攻克汉诺塔	围棋大赛
比赛成绩		
比赛过程中遇到的问题		
针对比赛操作的反思		
学习收获与感想总结		

综合评价

评价方法	评价要素	评价内容（行动指标）	评价标准
			根据实际情况做出合理评价，给下面的星星涂色
自我评价	创意性	能够设计出科学合理的积木排列方式	☆ ☆ ☆ ☆ ☆
	问题解决能力	能够根据比赛要求，操作机械臂移动积木，成功完成比赛	☆ ☆ ☆ ☆ ☆
	参与度	能够积极参与小组活动，主动承担个人任务	☆ ☆ ☆ ☆ ☆
相互评价	团队合作能力	在比赛过程中，能够互帮互助，共同成功完成本组操作	☆ ☆ ☆ ☆ ☆

技能拓展

与 AlphaGo 面对面

AlphaGo(阿尔法围棋，亦被音译为阿尔法狗、阿法狗等) 于 2014 年开始由英国伦敦 Google DeepMind 开发，是一个人工智能围棋程序。

2015 年 10 月，它成为第一个无须让子，即可在 19 路棋盘上击败围棋职业棋手的计算机围棋程序。此后便通过自我对弈进行强化，并在 2016 年 3 月对明星棋手进行挑战。在一场五番棋比赛中，AlphaGo 于前三局以及最后一局均击败顶尖职业棋手李世石，成为第一个不借助让子而击败围棋职业九段棋手的计算机围棋程序。2016 年 12 月 29 日至 2017 年 1 月 4 日，再度强化的 AlphaGo 在未公开其真实身份的情况下，借助非正式的网络快棋对战进行测试，挑战世界顶尖高手，其惊人的实力轰动棋坛。

目前，我们课堂活动中所使用的机械臂已经能够在人为操控下进行对弈，虽然无法被称为人工智能，但若结合某些程序与传感器等硬件，它也能够与 AlphaGo 面对面在棋盘上过招。请同学们从结构与功能等角度出发，思考如何升级机械臂，才能够让它成为可与 AlphaGo 对战的人工智能机器人。

第三课 ▶ 机器人绘画大赛

>>>>

场景导入

观察左边的绘画作品，你认为它属于哪一种流派的艺术作品？

你可能想不到，这幅栩栩如生的爱因斯坦肖像画竟然出自机械臂之手！

没错，自从与人工智能紧密结合之后，现在的机器人不仅可以完成艰辛的劳动，还能用笔尖来进行细腻的创作！

RobotArt 国际机器人绘画大赛就是一场人工智能与机械臂结合的盛大赛事，在这里来自不同国家和地区的多个团队开发出能够绘制任何画作的机器人，让机器人像艺术家一样绘画！

斯坦福机械工程设计专业的博士 Andrew Conru 创立了RobotArt 国际机器人绘画大赛。Andrew Conru 博士是个工程师，也是一名艺术爱好者。

RobotArt 从 2016 年开始已经连续举办了三年。首届比赛吸引了来自 7 个国家和地区的 15 支团队，共创作出 70 多幅作品。

台湾大学的机器人团队获得首届比赛的冠军，他们开发的机器人作画方式类似于传统的人工绘画，机器人用自身的视觉反馈系统调颜料，调配出理想的颜色后即进行初步创作，先勾勒出形状，而后进行细节描绘，反复比对画作和预设作品，尽力缩小两者之间的差异。

同学们是否也想参加 RobotArt 呢？这节课就让我们一起走进人工智能和机械臂的绘画世界吧！

扫描下面的二维码，观看冠军团队创作爱因斯坦肖像画的过程吧！

登录网址 https://robotart.org/，可以查看更多 RobotArt 的赛况！

冠军团队创作爱因斯坦
肖像画的过程

你知道一、二、三代机器人分别有哪些代表吗？可以跟同学们互相交流一下！

不同的绘画流派有不同的风格，同学们互相讨论自己喜欢的艺术风格，而后组成小组，选定一幅画作为机械臂的模仿对象，并说明选择这幅作品的理由，思考使用何种颜料和绘画工具来完成这幅作品。

原作品图片

选择理由：

_____

_____

_____

_____

创意设计

　　图画是人们记录思想、承载语言的媒介，我们经常用笔走龙蛇、行云流水等词语形容书画家的运笔，然而练就绘画本领不是一朝一夕的事情。科技的发展，就是将不可能变为可能。即便不是画家，我们也能利用高科技重现大家的名作。接下来让我们一起来认识能够再现大家名作的神器吧！

项目实践　操控机械臂作画

　　项目要求：同学们发挥自己的想象，设计一幅画，拍照让机器人重现画作。

　　项目评分：（1）用时越少，得分越高（20%）。

　　　　　　　（2）画作的重现程度越高，得分越高（70%）。

　　　　　　　（3）画作的创意展示（10%）。

1. 安装写字套件

　　写字套件包含笔和夹笔器，如下图所示。

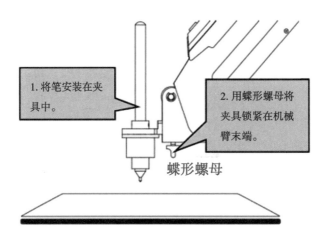

1. 将笔安装在夹具中。

2. 用蝶形螺母将夹具锁紧在机械臂末端。

蝶形螺母

如果需要更换笔，只要拧松夹笔器上面的 4 颗锁附螺钉即可，如下图所示。

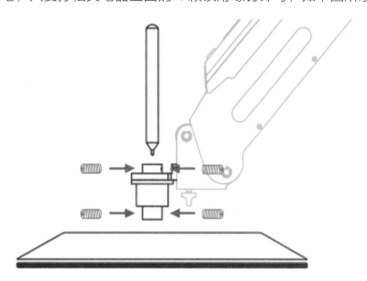

2. 连接 DobotStudio

在写字套件安装完成后，将机械臂与计算机连接，完成软件的设置。首先双击 DobotStudio 快捷方式打开软件，点击"写字 & 画画"模块，进入写字画画界面，单击"连接"，如下图所示。

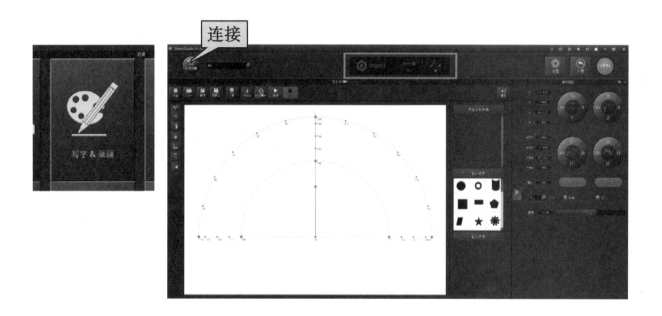

3. 导入图案

DobotStudio 自带有简单图形可供打印，通过插入功能，可以直接选择喜欢的图形插入环形区域内并调整图形大小进行打印。除了自带的图形，在下方的"输入文本"框中也可以手动输入文本进行打印，并且可以选择喜欢的字体、字号和其他样式，如下图所示。

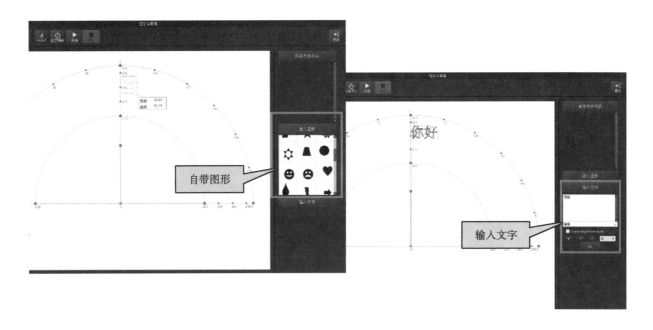

4. 导入图片

    DobotStudio 还可以导入外部图片至软件进行打印。点击"打开"按钮可直接将图片导入环形区域内（下图）；也可以直接导入其他格式的图片（如 BMP/JPEG/JPG/PNG 等），将图片转换成 Dobot 可以识别的 SVG 文件。

5. 设置写字速度

可以设置相应的速度和加速度，以及抬笔高度，如下图所示。速度和加速度建议设定范围为 0~500。

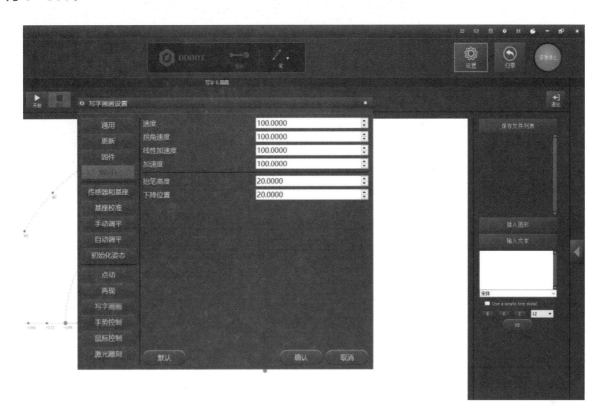

6. 调整位置

步骤 1：选择末端为笔，如下图所示。

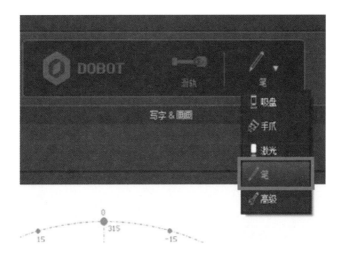

步骤 2：调整笔尖位置。通过机械臂回零功能将机械臂置于圆盘中间，按下"解锁"键，手持机械臂将其下降到离纸面 1 厘米左右，然后通过控制面板微调机械臂的 Z 轴位置，到达纸面

后点击"AutoZ"按钮,软件即可获取并保存当前的 Z 值,如下图所示。

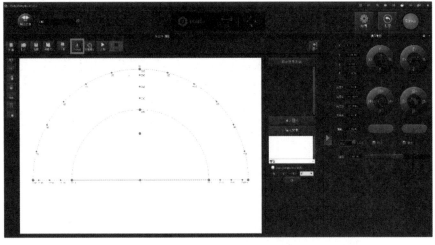

小博士

　　机械臂的作画原理是轨迹复现。机械臂对文字或图案进行分析后,得出一连串的位姿数据,该位姿数据就是文字或图案轨迹的离散点坐标。先对该离散点坐标进行数据处理,将其转化为机械臂在基坐标系下的位姿数据。然后将转化后的一连串位姿数据进行运动学逆解,转化为机械臂控制器运行所需要的各关节角度。最后将关节角度数据导入机械臂控制器中控制机械臂进行轨迹复现。

　　步骤 3:点击"位置同步"按钮,机械臂将自动移动至起点正上方(抬笔高度)的位置。

　　步骤 4:点击"开始"按钮开始画画,中途可以点击"暂停"按钮停止画画。

　　通过以上环节,我们了解并掌握了机械臂的作画原理,那么接下来就请大家按照分好的小组重现自己喜爱的画作吧!

作品展示

分享与评价

交流分享

1. 简述你的操作方法。

_____

_____

_____

_____

2. 操作过程中，你遇到了哪些问题？你是怎样解决的？

_____

_____

_____

_____

3. 本次完成的作品中还有哪些不足之处？如何改正？

_____

_____

_____

_____

综合评价

回顾学习内容及学习活动，进行小组评价。

评价方法	评价环节	评价内容（行动指标）	评价标准 根据实际情况做出合理评价，给下面的星星涂色
自我评价	场景导入	能够说出人工智能发展带来的利与弊	☆ ☆ ☆ ☆ ☆
	创意设计	能够安装写字套件	☆ ☆ ☆ ☆ ☆
		能够熟练操作 DobotStudio	☆ ☆ ☆ ☆ ☆
		能够选择富有特点的绘画作品	☆ ☆ ☆ ☆ ☆
		能够完整地制作出原作品	☆ ☆ ☆ ☆ ☆
	分享与评价	能够完整地展示并介绍所完成的作品	☆ ☆ ☆ ☆ ☆
相互评价	创意设计	能够选择富有特点的绘画作品	☆ ☆ ☆ ☆ ☆
		能够完整地制作出原作品	☆ ☆ ☆ ☆ ☆
	分享与评价	能够完整地展示并介绍所完成的作品	☆ ☆ ☆ ☆ ☆

技能拓展

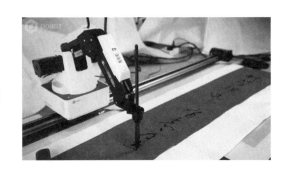

书法与绘画密不可分，练习书法可以培养性情，提高审美能力。你有没有喜欢的书法作品呢？尝试重现经典，或者完成专属于你的创意之作吧！

展示并介绍你所完成的作品。

作品图片

场景导入

　　自电影《阿凡达》上映以来，3D电影、3D动画似乎成为主流趋势，各类3D电影层出不穷，在电影院中戴上观看3D电影专用的眼镜，仿佛身临其境。那么3D与2D究竟存在哪些差异呢？观看下面两张图片，说一说你发现了哪些差别。

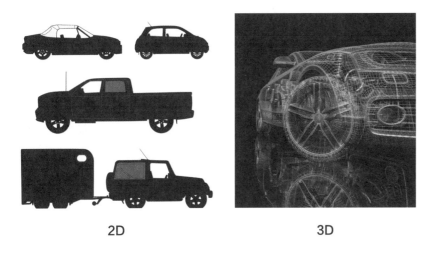

2D　　　　　　　　　　　　3D

　　长、宽构成了二维空间，长、宽、高构成了三维空间。观察下列图片，你能发现其中的奥秘吗？请与同学讨论你看到了什么。

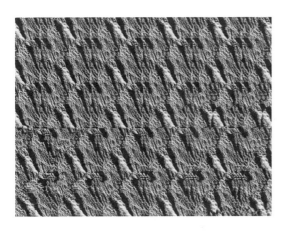

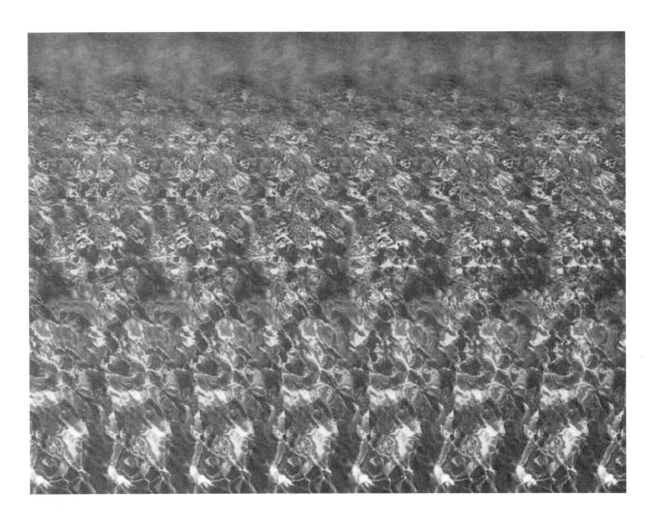

传统打印机将平面的内容通过纸张打印出来。喷墨打印机是家用及办公最常见的打印机。喷墨打印机内部配备墨盒，利用喷墨头将墨滴导引至设定的位置上从而完成打印。传统的打印机只能在平面的纸张上进行打印操作。

3D打印机利用累积制造技术，用黏合材料通过逐层打印的方式制造三维的物体。3D打印机可利用的打印耗材多种多样，如热塑性塑料、金属粉末、陶瓷粉末、金属膜、塑料薄膜等，甚至食用材料也能作为3D打印机的耗材。

传统2D打印机与3D打印机都属于计算机的输出设备，但是3D打印机能够全方位立体式打印由计算机设计出的模型。

想一想 　立体图形与平面图形的区别是什么？

创意设计

3D 打印是能够得到立体图形较快捷的方法，还记得之前所学到的 3D 打印的流程吗？回顾所学的内容，说一说 3D 打印的操作步骤。

3D 打印流程

常用的 3D 打印与普通打印工作原理基本相同，只是打印材料不同。3D 打印机可以使用金属、陶瓷、塑料、砂等不同的打印材料。将打印机与计算机连接后，通过计算机控制最终把计算机上的蓝图变成实物。3D 打印流程如右图所示。

设计软件 3DOne → 输出档案 STL → 切片软件 Repetier Host → 打印机

若要完成 3D 打印，其中最重要的一个环节就是 3D 建模。3D 建模就是利用三维制作软件在虚拟三维空间中构建出带有三维数据的模型。今天，让我们一起来学习一款操作简单的 3D 建模软件——3DOne。

3D 打印原理

3D 打印是快速成型技术的一种，它是一种以数字模型文件为基础，运用粉末状金属或塑料等可黏合材料，通过分层制造、逐层叠加的方式，构造物体的技术。扫描下方的二维码观看 3D 打印过程。

3D 打印过程

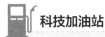 科技加油站

3DOne 是一款建模软件，具备简单易用的程序环境，支持专业级的涂鸦式平面草图绘制，可进行丰富实用的 3D 实体设计。

登录 http://www.i3done.com/3DOne/，下载并安装该软件。

一. 初识 3DOne

1. 认识主界面

安装完毕后，双击快捷方式 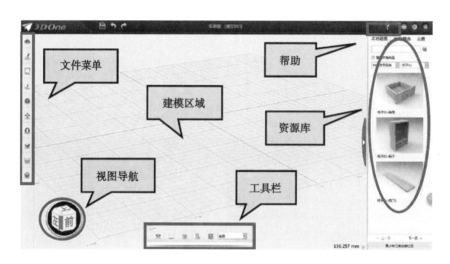 打开 3DOne 软件，如下图所示。

2. 视图操作

视图导航能够从不同的方位观察模型，可以通过方向键、组合快捷键、界面左下角的六面骰子来进行视图的调整变化，如下图所示。

配合快捷键和鼠标，可以对视图和模块进行各种操作。鼠标及快捷键操作如下图所示。

试一试

按住滚轮拖动鼠标：俯视图平移；
滚动滚轮：缩放视图；
按住右键拖动鼠标：俯视图旋转；
Ctrl+左键：选择多个对象；
Alt+左键：链选选择第二个合法对象。

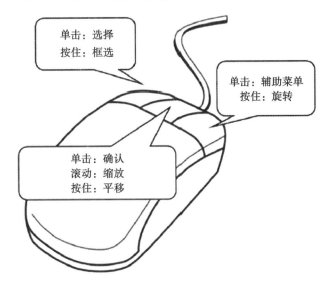

单击：选择
按住：框选

单击：辅助菜单
按住：旋转

单击：确认
滚动：缩放
按住：平移

3. 移动操作

如下图所示。

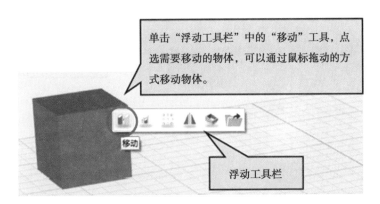

单击"浮动工具栏"中的"移动"工具，点选需要移动的物体，可以通过鼠标拖动的方式移动物体。

移动

浮动工具栏

也可以使物体沿 X，Y，Z 三个方向精确移动，如下图所示。

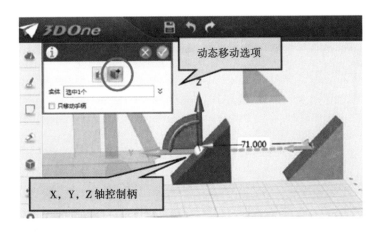

动态移动选项

X，Y，Z 轴控制柄

试一试

试用视图导航、方向键，以及鼠标的左、中、右键操作，查看并且移动积木块，摆出各种有趣的造型。

二、使用 3DOne

1. 创建基础实物

命令工具栏第一行为基本实体建立工具，3DOne 的基本实体有六面体、圆柱体、圆环体、圆锥体、球体和椭球体，建模的方法大同小异。我们来新建一个六面体，如下图所示。

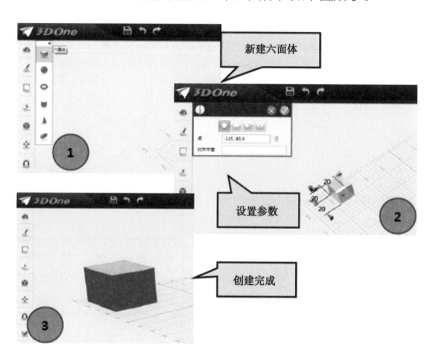

试一试

创建如下图所示的两侧积木块。

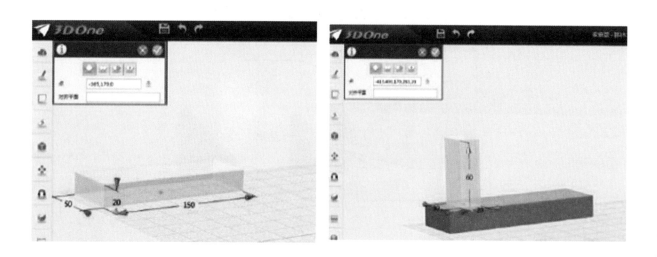

2. 加减运算

有时候我们会同时处理多个模型，并需要对模型进行组合和各种建构。3DOne 提供了三种

基本的加减模式，如下图所示。

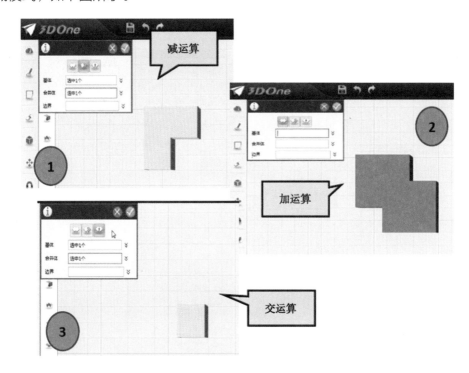

 小博士

减运算：一个模型减去另外一个模型。

加运算：将两个模型加起来组合成为一个模型。

交运算：只保留两个模型间有交集的部位。

 做一做

根据已建立的积木块,通过加减运算,创造新的积木块造型,如下图所示。

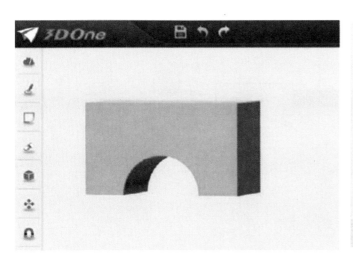

3. 造型创建

常见的造型创建方式主要有三种：拉伸、旋转、扫掠，如下图所示。

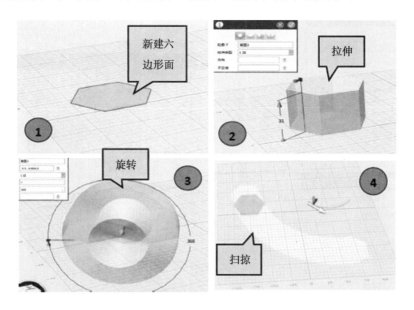

做一做

可以将一个草图形状拉伸为其沿一个方向直线扫过形成的造型，即我们可以将一个二维平面的草图沿一个方向拉伸为三维立体图案。比如，我们可以用草图绘制新建一个矩形，然后通过拉伸功能将其向上拉伸为一个六面体，如下图所示。

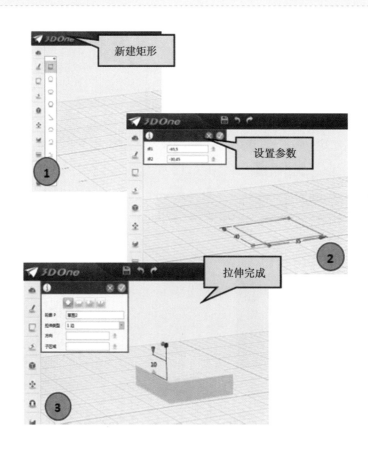

4. 保存文件

做完 3D 模型后可以将其保存为 ".stl" 格式文件，这样就能直接用打印软件进行打印了，如下图所示。

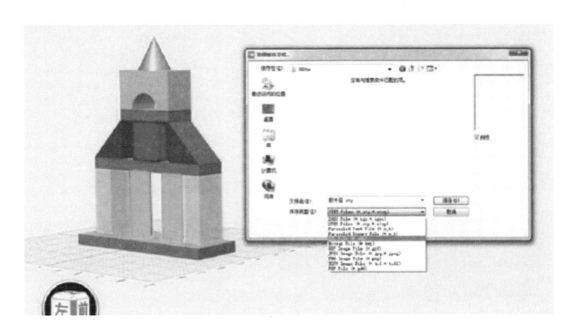

 想一想

在操作过程中遇见了哪些问题，该如何解决？

项目实践 独一无二的生日礼物

项目要求：利用 3DOne 设计一款新颖实用的笔筒。

项目评分：（1）笔筒设计（30%）。

（2）笔筒建模（70%）。

做一做

这个星期日是优优的好朋友小美的生日，优优想送小美一个笔筒作为生日礼物，可是优优逛了好多文具店都没挑选到心仪的笔筒，不是颜色不喜欢，就是造型不够有个性。这下优优发愁了，马上就要到好朋友的生日了，怎么办呢？

请利用 3DOne 帮助优优设计一款造型新颖且实用的笔筒吧！并将操作步骤记录在下面。

1. 手绘笔筒草图。

2. 为所绘制的笔筒建模。

步骤 1：

步骤 2：

步骤 3：

步骤 4：

步骤 5：

分享与评价

交流分享

1. 展示所完成的笔筒建模，并对你的设计理念、作品意义进行简单的介绍。

建模图片

2. 在你了解 2D 与 3D 之后，总结二者的优缺点。

	2D	3D
优点		
缺点		

综合评价

评价方法	评价环节	评价内容（行动指标）	评价标准 根据实际情况做出合理评价，给下面的星星涂色
自我评价	场景导入	能够说出 3D 与 2D 的区别	☆ ☆ ☆ ☆ ☆
	创意设计	能够说出 3D 打印的流程	☆ ☆ ☆ ☆ ☆
		能够熟练操作 3DOne	☆ ☆ ☆ ☆ ☆
		能够利用 3DOne 完成物体的建模	☆ ☆ ☆ ☆ ☆
	分享与评价	能够完整地展示并介绍所完成的作品	☆ ☆ ☆ ☆ ☆
相互评价	创意设计	能够说出 3D 打印的流程	☆ ☆ ☆ ☆ ☆
		能够利用 3DOne 完成物体的建模	☆ ☆ ☆ ☆ ☆
	分享与评价	能够完整地展示并介绍所完成的作品	☆ ☆ ☆ ☆ ☆

技能拓展

场景模拟

星期天，乐乐一个人在家做完作业后觉得很无聊。于是，乐乐就决定打电话让朋友们来玩。乐乐急急忙忙地跑过去，刚拿起电话，就听见"啪"的一声，妈妈心爱的花瓶被打碎了，里面的水和玫瑰花洒了一地。乐乐看着一地碎片傻眼了，抓抓头说："我该怎么办呢？"……

结合这节课所学习的知识，对乐乐打碎的花瓶进行建模，为 3D 打印花瓶做好建模准备。

建模贴图

目前，很多领域都已应用 3D 打印技术，如文化创意、玩具动漫、个性化定制、家居用品、医疗等。3D 打印不仅能够打印精巧的物品，还可以打印大型物体。在学习了 3D 打印技术后，你对 3D 打印是否产生了新的认识？请你结合本课所学，利用互联网或其他资源，调查 3D 打印在人们意想不到的领域得以应用的事例，调查后用自己的语言分享给老师和同学们。

第五课 ▶ 曼妙的堆叠

>>>>

场景导入

第四次工业革命的重要标志之一

  人类历史上共经历过三次工业革命。第一次工业革命是从 18 世纪 60 年代至 19 世纪中期，以蒸汽机的使用为标志，人类进入了"蒸汽时代"；19 世纪 60 年代后期，随着资本主义国家经济的发展，电气代替蒸汽机被广泛应用，第二次工业革命兴起，人类进入了"电气时代"；20 世纪中期，以原子能、电子计算机等科学技术的发明为标志，人类进入了第三次科技革命时代。历经三次技术革命后，产品的生产方式也由原先的手工制造替换为机器制造，产品被大批量生产。但是，随着科技的进步、社会的不断发展，人们的需求也变得日益挑剔，大同小异的形态早已无法满足人们追求个性化的需求，就这样，第四次工业革命悄无声息地到来了。

  3D 打印技术伴随着第四次工业革命的到来而诞生，已渗透至我们生活中的方方面面。它突破了传统打印的概念，可以使我们在一个平面上构建起一个立体结构。3D 打印的应用十分广泛，常在模具制造、工业设计等领域被用于制造模型，后逐渐用于一些产品的直接制造，如珠宝、鞋类、建筑物、汽车等。

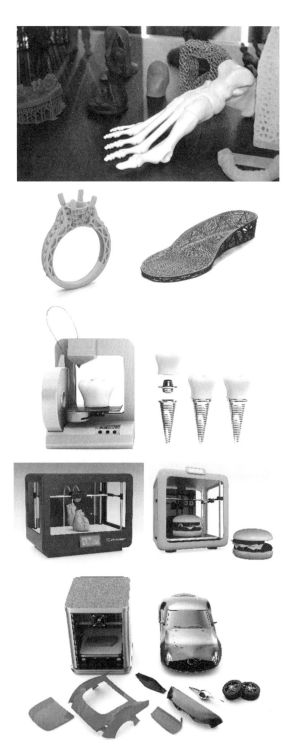

45

创意设计

项目要求：组装机械臂与 3D 打印套件，利用上一节课"技能拓展"环节中建造的模型，为乐乐打印花瓶。

项目评分：根据花瓶的完整度、美观度进行评分。

1. 耗材安装

平放挤出机，用手按下压杆，将耗材放入进料口，通过滑轮将耗材直插到底部通孔，留出与进料管相同的长度，如右图所示。

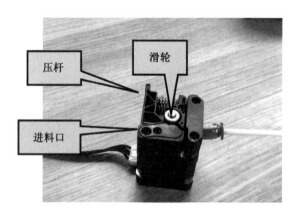

2. 连接挤出机与加热端

将耗材插入进料管并一直插到热端底部，并把进料管的快速接头拧紧在挤出机上，如下图所示。

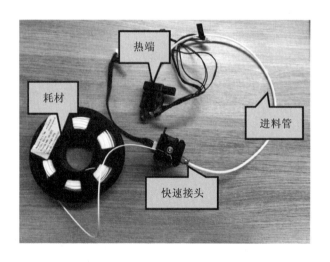

注意 此时应确保进料管本身也是一直插到热端底部的，否则会导致出料异常。

🛢 科技加油站

机械臂不但能变身成为打印机打印简单的文字和图案，还可以通过连接 3D 打印套件，摇身一变成为一台小型桌面 3D 打印机。

Dobot 所用的 3D 打印耗材和一般的 3D 打印机相同，都是 PLA 材料，这是一种生物分解型塑料，无毒，熔化温度在 180 ℃～200 ℃，如右图所示。

3. 将 3D 打印套件与机械臂连接

将热端夹具锁紧在末端插口中，将加热棒电源线接在 4 号口上，风扇电源线接在 5 号口上，热敏电阻接在 6 号口上，如下图所示。

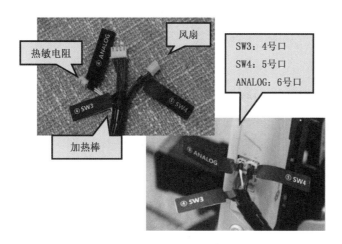

将挤出机电机线接在主控盒 Stepper1 上，如下图所示。

安装效果如下图所示。

科技加油站

RepetierHost 是 Repetier 公司开发的一款免费的 3D 打印综合软件，可以进行切片、查看修改 G-Code、手动控制 3D 打印机、更改某些固件参数以及其他的一些小功能，很适合初学者使用，尤其是其手动控制的操作界面，用户可以很方便地实时控制打印机。

4. 烧录 3D 切片软件 RepetierHost

RepetierHost 软件已经内置在 DobotStudio 中。将机械臂与计算机连接好，打开 DobotStudio，点击"3DPrinter"，如下图所示。

此时会弹出 3D 打印固件烧录对话框，点击"确定"按钮，如下图所示。

烧录完成即会自动切换到 RepetierHost 软件，如下图所示（烧录过程只在开始时执行一次，后续就不用了）。

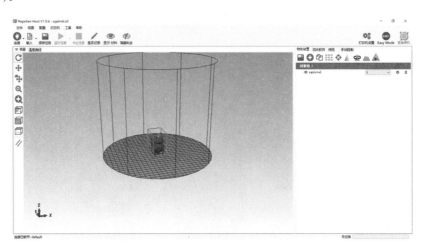

5. 在 RepetierHost 软件中进行打印机参数设置

首次打印时，我们需要设置相关参数，将"连接标签""打印机标签""挤出机参数""打印机形状"分别设置保存。点击界面右上角的"打印机设置"图标，在弹出的对话框中设置相关参数，如下图所示。

（1）"连接"标签设置

打开"打印机设置"弹开窗口后，按图例所示，更改相关参数设置。设置完毕后点击"应用"按钮，如下图所示。

（2）"打印机"标签设置

勾选以下三项设置即可，其余保持默认。

（3）"Extruder"标签设置

如下图所示。

（4）"打印机形状"标签设置

如下图所示。

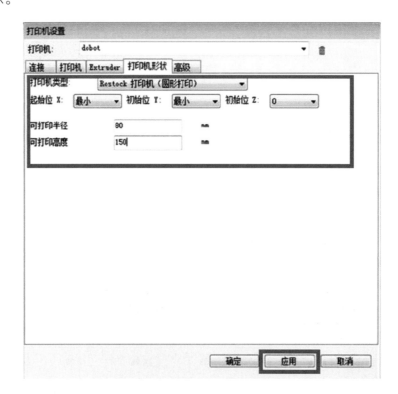

设置好后，回到主界面。点击主界面左上角的"连接"按钮即可连接 Dobot。连接后按钮

会变成绿色，同时界面下方有温度显示，如下图所示。

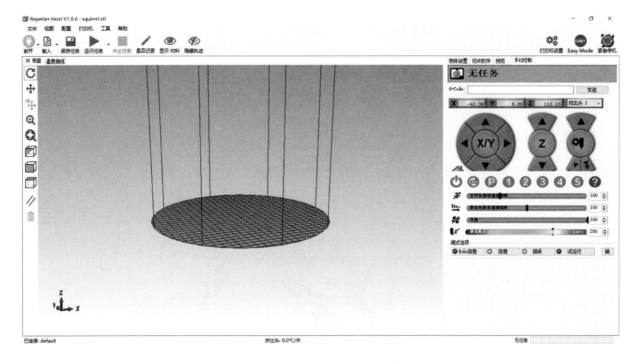

6. 打印准备

打印之前，我们需要进行一系列准备工作：测试挤出机的功能、调整打印间距、获取打印坐标、导入模型并设置切片参数。现在，我们就开始行动吧！

（1）测试挤出机

为确保打印头正常挤出耗材，需要测试挤出机。挤出机必须工作在 170 ℃以上、耗材熔化状态下，因此需要先加热挤出头。设置"加热温度"为 200 ℃，点击控制面板的"加热"按钮，如下图所示。

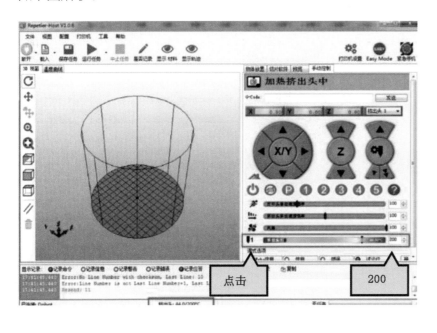

注意事项：加热棒会产生高达 250 ℃的高温，请注意安全！勿让小孩玩耍。运行过程中必须有人在旁边监控，运行完成及时关闭设备。

点击　　　　　200

加热到 200 ℃后，可以点击挤出机的"进料"按钮进料 10～30 mm，如下图所示。

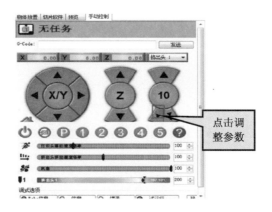

如果看到喷嘴有熔化的耗材流出，即说明挤出机工作正常，如下图所示。

（2）调整打印间距，获取打印坐标

打印过程中，喷嘴与打印床之间的距离太大或太小，会导致首层不黏或者喷头堵塞的现象。为了增加首层的黏着性，可以在玻璃打印床上贴一层美纹纸（建议同时用透明胶带固定住玻璃板，防止打印过程中玻璃板滑动导致打印失败）。如下图所示。

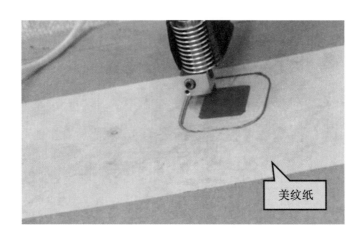

打印头与玻璃板之间的间距可以做如下调整：按住小臂上面的解锁按钮"UnlockKey"，拖动打印头放在恰好位于一张 A4 纸厚度的位置，然后在命令行里输入"M415 指令"并按"Enter"键获取当前打印平面的 Z 坐标，这样距离就调整完成了。

命令发送窗口如下图所示。

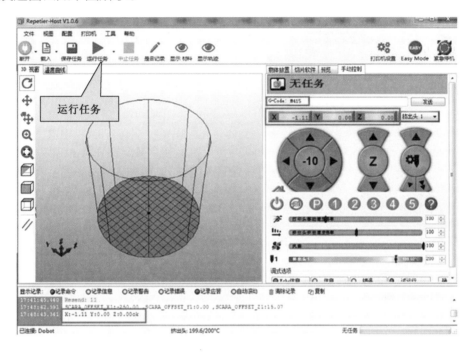

（3）导入模型

点击"载入"按钮，导入模型文件。3D 打印使用的是通用的 STL 文件格式，用户可以自己设计三维模型并转换为 STL 文件，或者在网络上搜索免费的模型文件直接导入，如下图所示。

可以在控制面板中对模型进行居中、缩放和旋转等操作，如下图所示。

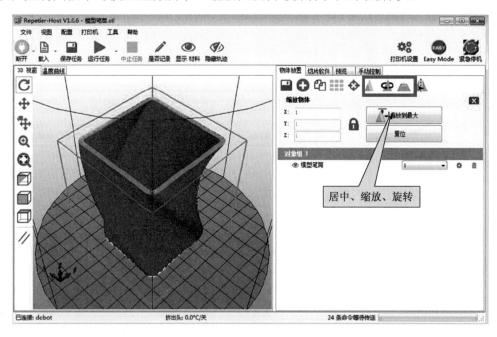

（4）设置切片参数并切片

首次打印前，需要配置切片参数。选择"切片软件"为"Slic3r"并点击"配置"按钮（左图）打开"切片参数"设置界面，如下图所示。

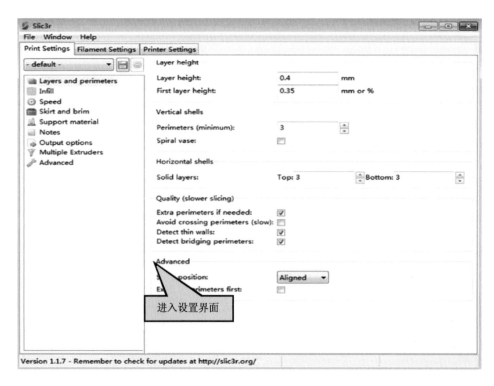

切片参数对打印效果至关重要，我们这里提供一个建议的配置，用户可以直接导入进行打印。配置文件在 DobotStudio 的 attachment 文件夹中，如下图所示。

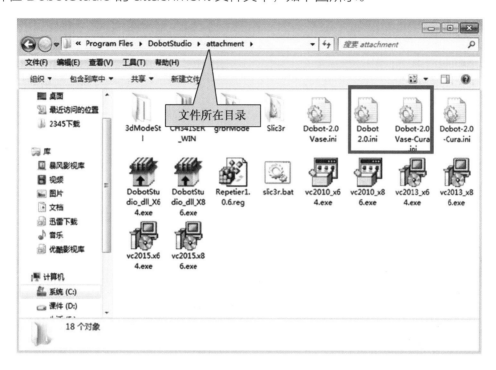

其中，Dobot-2.0 Vase-Cura.ini 用于薄壁花瓶的打印，Dobot 2.0.ini 用于填充实体的打印，填充率为 20%。可以通过以下方式导入：点击"File"→"Load Config"载入 .ini 文件。如下图所示。

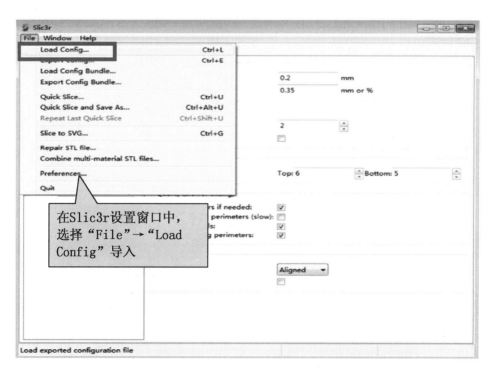

导入后，需要分别针对 Print Settings，Filament Settings 以及 Printer Settings 三个标

签进行保存，同时也可以重命名为其他名字，我们这里保持默认，如下图所示。

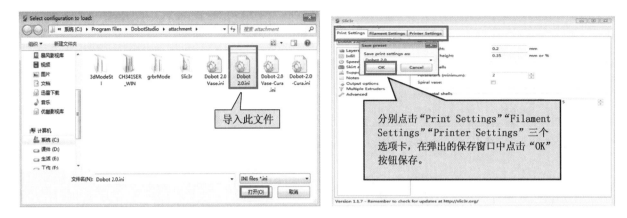

完成以上相关设置后，即可返回主界面进行切片。选择导入的切片设置，点击"开始切片Slic3r"即可完成切片，如下图所示。

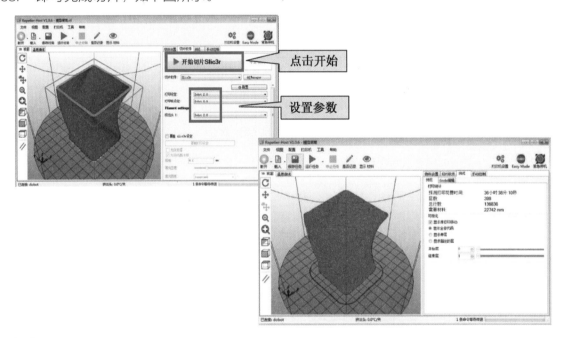

（5）开始打印

点击主界面左上角的"运行任务"按钮，即可开始打印，如下图所示。

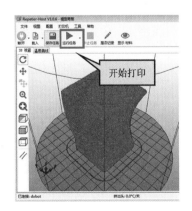

做一做

利用调试好的机械臂 3D 打印套件打印一个花瓶吧。在下面的方框内补充完整打印步骤。

步骤 1：

步骤 2：

步骤 3：

查阅有关资料，思考以下问题：

1. 如果需要用到一种以上颜色的 3D 模型，该如何打印？
2. 你还能想到什么其他材料可以用作 3D 打印的原料？
3. 我们现在用到的 3D 打印材料有什么特点？适合打印的物品类型有哪些？

分享与评价

交流分享

实践环节	遇到的困难	解决的方法
3D 打印套件安装		
切片软件的烧录与参数设置		
打印准备		

综合评价

评价方法	评价环节	评价内容（行动指标）	评价标准
			根据实际情况做出合理评价，给下面的星星涂色
自我评价	场景导入	能够掌握 3D 打印的顺序	☆ ☆ ☆ ☆ ☆
		能够掌握逐层叠加原理	☆ ☆ ☆ ☆ ☆
	创意设计	能够完成 3D 打印套件的安装	☆ ☆ ☆ ☆ ☆
		能够完成切片软件的烧录与参数设置	☆ ☆ ☆ ☆ ☆
		能够完成打印前的测试与参数设置	☆ ☆ ☆ ☆ ☆
相互评价	创意设计	能够在学习过程中与同伴合作	☆ ☆ ☆ ☆ ☆
	分享与评价	能够分享操作过程中遇到的困难和解决的方法	☆ ☆ ☆ ☆ ☆

技能拓展

打印个性化 3D 物件

随着 3D 技术的飞速发展，如今，3D 打印机的价格也是越来越亲民，普通消费者也能用得起，这也是 3D 打印发展成熟的体现。试想一下，在日常生活中，自己就能够通过 3D 打印机打印出个性化的首饰、动漫玩偶、电子元器件、服装等物品，是不是很方便、很有趣呢？

最好的创意莫过于自己设计 3D 模型，调查市面上好用又免费的建模软件，了解这些软件的功能和适用范围。

软件名称	基本功能	适用范围

第六课 ▶ 木块上的魔术师

>>>>

场景导入

大自然的鬼斧神工

　　大自然正在用我们看不见的"刀"，雕琢着我们的世界。柔软的砂岩经过百万年暴洪和风的侵蚀所形成的羚羊峡谷，以它独特的光影变幻让无数专业摄影家和旅行者慕名而至；科罗拉多河昼夜不休地向前奔流，刻凿出壮观的科罗拉多大峡谷；典型的喀斯特岩溶地貌的黄龙洞以其庞大的立体结构洞穴空间、丰富的溶洞景观而世界闻名；深邃、神秘、诡异的蓝洞仿佛大海的瞳孔，成为潜水爱好者的最爱。

绚丽的羚羊峡谷

壮观的科罗拉多大峡谷

深邃的黄龙洞

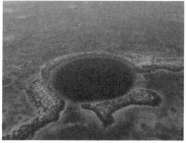
静谧的蓝洞

工匠们的巧夺天工

　　与大自然的鬼斧神工有着异曲同工之妙，工匠们拿着手中的"刀"，在木料和石料中艰难前行，成就了一幅幅活灵活现的作品。即使经历岁月的冲刷，这些雕像依旧栩栩如生，光彩熠熠。

步骤	具体工作	所需工具
	先画创意稿，再将画稿放大到木材上	
凿坯	粗坯：形成作品的外轮廓和内轮廓 细坯：调整比例和布局	
	运用精雕细刻及薄刀法修去细坯中的刀痕凿垢	平刀、圆刀、斜刀等
	将木雕用粗细不同的木工砂纸搓磨	
成品	上蜡成品	

上网查找木雕相关信息，将上面的步骤和所需工具填写完整。

活动2 感受雕刻橡皮印章的乐趣

生活中有时会使用到印章，印章的制作类似木雕，让我们来尝试制作自己独有的橡皮印章吧！

注意 （1）设计时需要考虑雕刻难度，线条不宜过细。

（2）如果设计稿中有文字，注意将设计稿移到雕刻面上时要呈镜像，避免雕刻完成后印出反的字。

设计图：

印章展示：

创意设计

激光被称为"最快的刀""最准的尺""最亮的光"，是20世纪以来继核能、计算机、半导体之后人类的又一重大发明。激光的应用范围很广，在日常生活、工业加工、医疗美容、教育科研、网络通信、军事科技等方面都有它的身影。

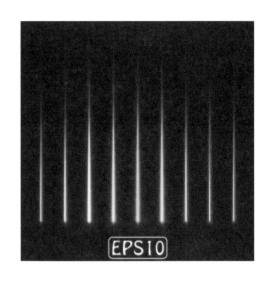

科技加油站

  激光是指通过刺激原子导致电子跃迁释放辐射能量而产生的具有同调性的增强光子束，其特点包括发散度极小，亮度（功率）可以达到很高等。

项目实践　激光雕刻 LOGO

  项目要求：用 PPT 绘图功能设计独特的 LOGO，并使用机械臂激光雕刻出来。

  项目评分：（1）PPT 设计的 LOGO 的美观性（20%）。

      （2）操作机械臂进行激光雕刻的时间和操作的正确性（80%）。

  激光雕刻是指加工材料在激光的照射下瞬间熔化和汽化，以达到重新加工的目的。随着光电子技术的飞速发展，激光雕刻技术日趋成熟，在生活中所起的作用越来越重要，其应用范围也越来越广，覆盖了服装、皮革、玻璃、石材、广告、有机玻璃、密度板、工艺品等行业和领域。这种技术雕刻出的文字或图案没有刻痕，物件表面光滑，也不会磨损，适用于木制品、皮革、塑料板、金属板、石材等几乎所有的材料。

1. 激光雕刻套件的安装

激光雕刻套件包含激光头和夹具，安装流程如下：

（1）用蝶形螺母锁紧机械臂末端的激光头。

（2）将 12 V 电源线 SW4 接在小臂接口⑤上，TTL 控制线 GP5 接在接口③上即可。

（3）为防止激光损伤眼睛，特配置激光眼镜。

激光雕刻套件

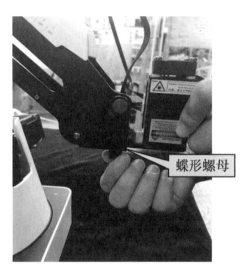

蝶形螺母

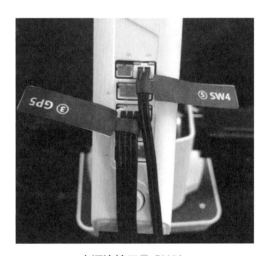

电源连接口⑤ SW4，
控制线连接口③ GP5

激光眼镜

2. 连接 DobotStudio

激光雕刻同样是使用控制软件 DobotStudio，打开软件，点击"激光雕刻"模块，进入激光雕刻界面，正中间显示机械臂的操作范围，如下图所示。

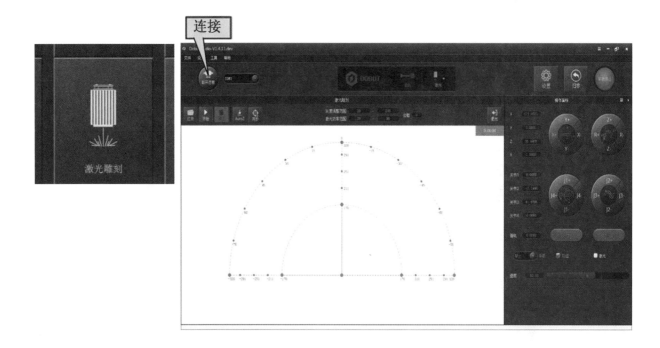

小博士

注意 无论是选用哪种方式进行激光雕刻，素材都需要放在主界面的环形区域内，超出范围会导致机械臂限位而无法正常进行激光雕刻，此时软件界面上的图像也会变成红色进行警示。

3. 导入图案

做一做

利用 PPT 绘图功能设计具有个性化的图案或文字，或选用 DobotStudio 自带的简单图形，选择所要雕刻的 LOGO。

知识课堂

DobotStudio 自带有简单图形可供选择，通过"打开"功能，可以直接进行激光雕刻。我们也可以尝试用 PPT 绘图功能制作 LOGO，然后用机械臂进行激光雕刻，如下图所示。

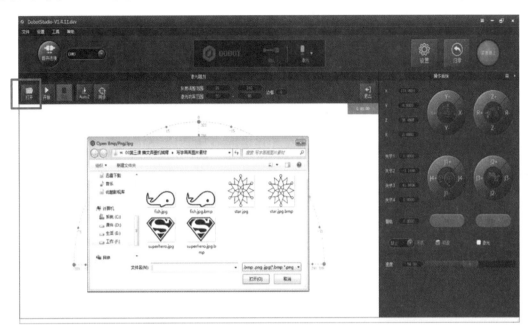

下面简单介绍 PPT 绘图功能，主要讲解形状的直接绘制使用、曲线的使用和任意多边形的使用。

（1）形状的直接绘制使用。"形状"功能在 PowerPoint 的开始工具栏中就能找到，当然也可以点击"插入"→"形状"。其中包括线条、矩形、基本形状、箭头总汇、公式形状、流程图、星与旗帜、标注等。如右图所示。

（2）利用曲线的特点在两点之间自动生成弧度，绘制特殊的图案。比如，按照①—⑤的顺序单击鼠标左键，即可得到下图这样一个圆润的图形 A。如果在点击的过程中按住了 Ctrl 键，弧度将会消失，得到图形 B。

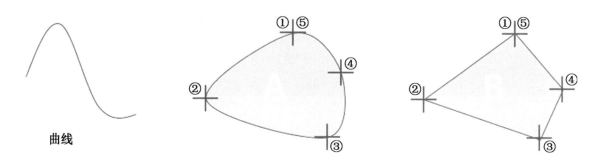

曲线

（3）使用任意多边形绘制图案。任意多边形的操作方法与曲线一样，只不过在定下锚点之后，移动鼠标拉出来的是直线 C。若一直按住鼠标左键移动，则形成曲线 D。

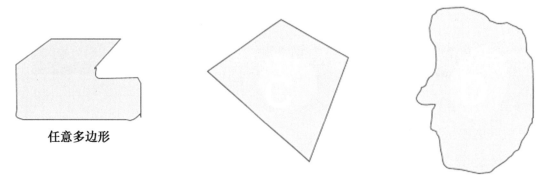

任意多边形

在绘制的过程中，如果不小心点击了一个位置并不理想的锚点，只需要按一下"Del"键或者是"Backspace"键，就可以删除当前状态下的最后一个锚点。

除了曲线与任意多边形以外，其他形状同样有许多特点与用途，同学们可以进行各种尝试，利用 PPT 绘图功能设计具有个性的 LOGO。

LOGO 设计图

4. 调整焦距

（1）选择末端为激光

在主界面末端"夹具"下选择"激光"。

（2）调整激光焦距

雕刻前须调整好激光焦点到雕刻材料表面的距离，勾选"ON"打开激光，如下图所示。

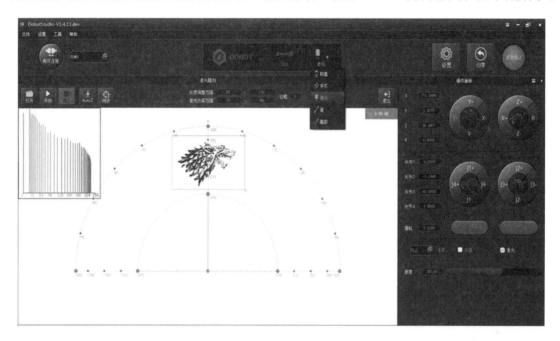

按住小臂上的"圆形解锁"键不放并拖动小臂高度来调节激光到材料表面的距离。光斑最小且最明亮的位置即为合适的高度。激光功率足够时，可以看到材料表面有灼烧的痕迹。调整完后即可取消勾选关闭激光。

如果始终无法聚焦，可能是激光头的焦距过长，我们可以旋转激光头底部的金属旋钮进行调整（如下图所示），调整完后再进行聚焦测试。

金属旋钮

小博士

注意 激光在对焦状态会产生高温，可以灼烧纸张、木板等，切勿对身体、衣物等进行对焦，勿让小孩玩耍，运行过程中必须有人在旁边监控，运行完成及时关闭设备。

点击"AutoZ"获取并保存当前的 Z 值（这样下次雕刻的时候就不再需要手动调整激光焦距了，直接导入图片后点击"同步位置"→"开始"即可开始雕刻）。

对于保存的 Z 值，即下降位置参数，可以点击"设置"→"激光雕刻"→"下降高度"查看（如果雕刻效果不理想，激光高度需要微调，也可以直接修改下降高度的值）。除此之外，也可在"设置"对话框里设置机械臂移动的速度和加速度等参数，根据使用情况进行调试找到适合的值。焦距调整完毕后，点击"同步位置"按钮，机械臂将自动移至激光雕刻的起点正上方处。点击"开始"按钮即可开始雕刻。中途可点击"暂停"按钮暂停雕刻，也可点击"停止"按钮停止雕刻。如下图所示。

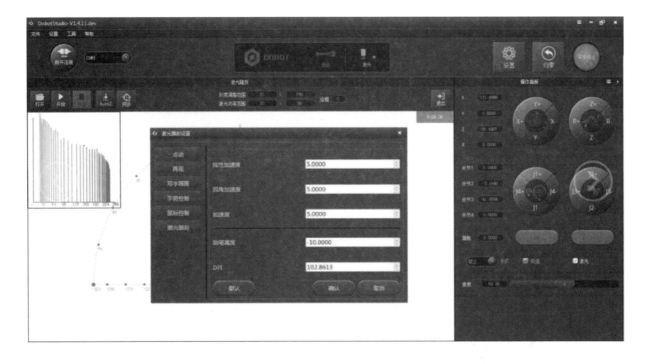

通过 PPT 绘图功能绘制 LOGO，或直接选用 DobotStudio 自带的图案，然后操作 DobotStudio 系统进行激光雕刻，最终做出具有个性化的作品。

分享与评价

交流分享

雕刻种类	优点	缺点
手工雕刻		
激光雕刻		

思考

1. 激光雕刻是否会取代传统的手工雕刻？

2. 你认为手工雕刻和激光雕刻能否很好地结合？为什么？

综合评价

评价方法	评价环节	评价内容（行动指标）	评价标准 根据实际情况做出合理评价，给下面的星星涂色
自我评价	场景导入	知道木雕流程与工具	☆ ☆ ☆ ☆ ☆
		学会雕刻橡皮印章	☆ ☆ ☆ ☆ ☆
	创意设计	学会激光雕刻套件的安装	☆ ☆ ☆ ☆ ☆
		学会利用 PPT 绘图功能绘制独特的 LOGO	☆ ☆ ☆ ☆ ☆
		学会图案导入	☆ ☆ ☆ ☆ ☆
		学会焦距调节	☆ ☆ ☆ ☆ ☆
相互评价	创意设计	能够在学习过程中与同伴合作	☆ ☆ ☆ ☆ ☆
	分享与评价	能够分享自己雕刻的作品	☆ ☆ ☆ ☆ ☆

为小物体增加独特感

从商店里买来的东西往往千篇一律，缺乏个性，大家是否想给自己的小物件增加独特的印记呢？例如，在笔筒、手机壳、收纳盒、手机支架等物品上刻上独属于自己的设计图案。下面根据自己的想法改造小物件吧！

设计草图：

利用机械臂在自己的小物件上进行激光雕刻。

想一想

在不同材质的物体上进行激光雕刻时，我们需要考虑哪些因素？

第七课 编程控制魔术师

>>>>

依靠技术的发展，我们足不出户就可以轻松享受便利的生活。想买合身的衣服，不需要外出，在家里就可以利用虚拟现实技术感受衣服穿上身之后的真实效果；想要置办生活物品，不用跑到超市，使用购物软件就可以挑选自己喜欢的商品；假日午后和两三好友一起喝茶、拍照，并将图片上传到各类社交软件，还可以跟他们进行实时互动。以上所有功能的实现都离不开程序的支持。

软件开发和程序编写是一个复杂而又有趣的过程，本节课我们将结合寓言故事《愚公移山》，通过编程创作愚公移山的故事，让故事更有画面感！还等什么？让我们一起进入编程世界吧！

知识课堂 1　编程语言简史

　　要让别人了解自己的想法，就需要进行信息交换。人与人之间使用语言进行交流，蜜蜂通过跳舞来告诉同伴花蜜的具体方位，大部分鸟类通过叫声传递信息。然而，编程的时候，需要人向计算机下达指令，而计算机无法理解人类语言，在这种情况下，我们该如何与计算机进行沟通呢？

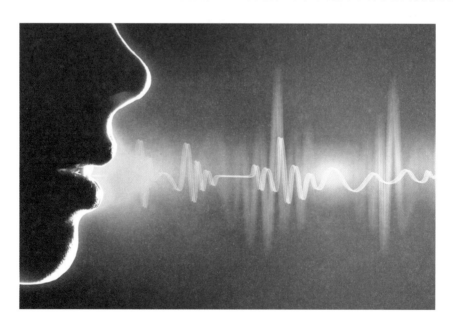

　　编程语言的出现在人与计算机之间架起了一座沟通的桥梁，编程语言经历了从机器语言、汇编语言到高级语言的历程，有时我们也把编程语言称为计算机语言。

　　机器语言是指一台计算机全部的指令合集，计算机发明后，人们就使用由"1"和"0"组成的指令序列让计算机执行，在此时，程序就是一个个的二进制编码。

　　机器语言十分烦琐，人们对它进行了改进，使用一些简洁的英文字母、符号串来替代二进制编码，如用"ADD"代表加法，这样人们就容易读懂程序，也便于对程序进行修改和维护，这样的语言就是汇编语言。

　　经过这段与计算机交流的痛苦经历，人们意识到应该设计一种语言，这种语言接近于数学或人类语言，但同时又不依赖于计算机硬件。1954 年，人类历史上第一个高级语言——FORTRAN 诞生了。其后更多的高级语言相继问世，应用较广的有 BASIC，C，C++，VC，VB，Java 等。

虽然高级语言比起初代计算机语言更容易理解，但它也有使用的语法，对初学者来说比较难上手。在此背景下，图形化编程软件应运而生。Blockly 和 Scratch 就是其中的代表，它们是完全可视化的编程语言，里面有已经定义好的程序模块，使用者不需要输入代码，使用时只需直接将程序模块拖到编辑区，将一个个简单功能组合起来，即可像搭建积木那样完成程序的编写。

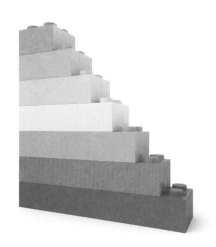
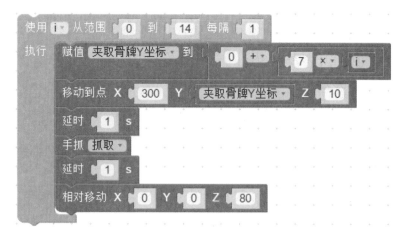

 你还知道哪些图形化编程软件？跟大家交流一下吧！

DobotBlockly 是基于 GoogleBlockly 平台，将 DobotAPI 整合到平台，从而实现对机械臂的控制的。借助 DobotBlockly，我们能轻松控制机械臂实现各种功能。接下来，我们就一起认识一下 DobotBlockly 的界面吧！

打开 DobotStudio 软件，单击 Blockly 模块（如下图所示），即可进入图形化编程界面。

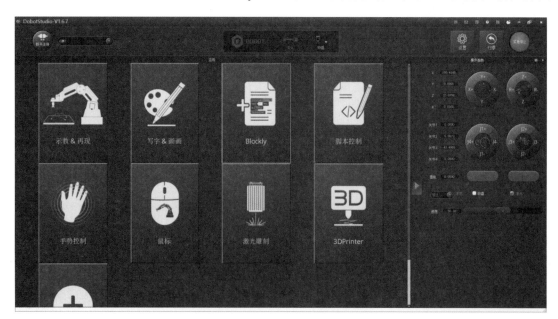

下图所示为 Blockly 主界面窗口。编程界面上方是常用工具按钮区；左边是可以用来选择的功能模块；中间是编辑区，可以将我们需要的程序模块拖到这里来；右边分为运行日志和代码区两部分，运行日志显示当前程序运行情况，在代码区可以看到我们搭建的程序模块用高级语言如何表示。

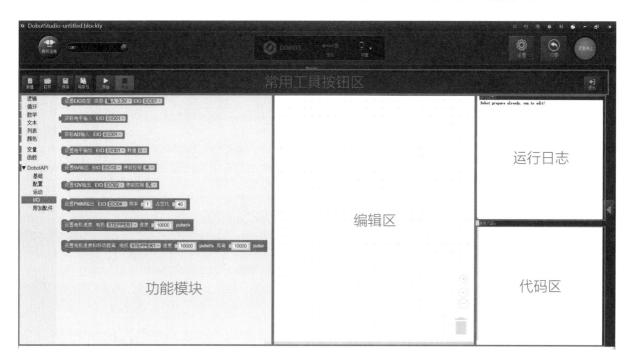

我们可以将 Blockly 主界面窗口与之前学过的 Scratch 软件界面（如下图所示）进行比较，观察分析它们有哪些不同。

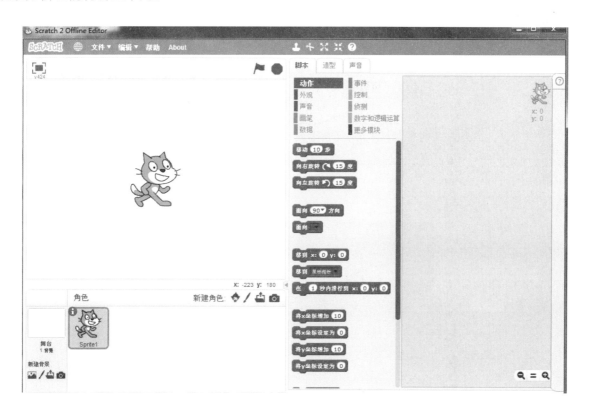

知识课堂 2　了解 DobotBlockly 界面

在常用工具按钮区点击"新建"，我们尝试使用编程的方式来控制手爪的开合。

步骤	截图说明
1.单击 DobotAPI 模块，选择"配置"，单击"选择夹具"，拖该模块至编辑区。	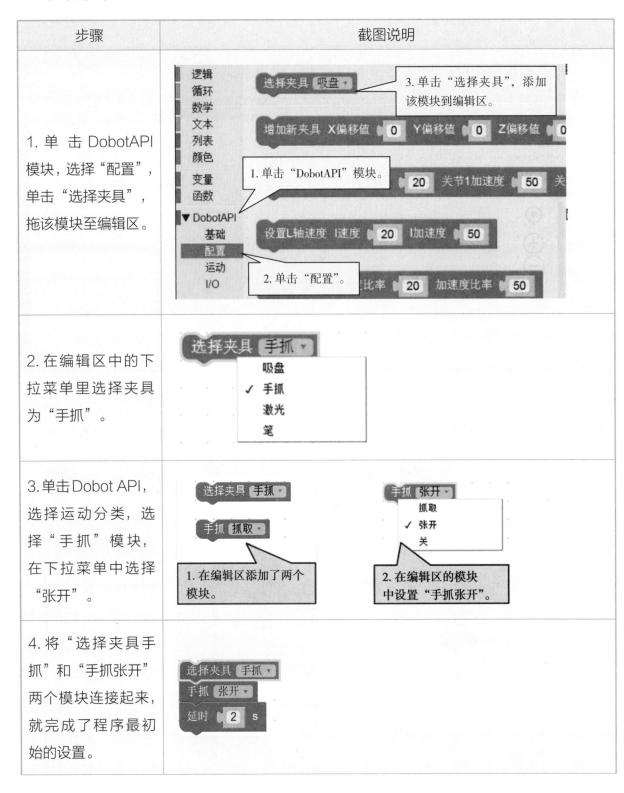
2.在编辑区中的下拉菜单里选择夹具为"手抓"。	
3.单击 Dobot API，选择运动分类，选择"手抓"模块，在下拉菜单中选择"张开"。	
4.将"选择夹具手抓"和"手抓张开"两个模块连接起来，就完成了程序最初始的设置。	

步骤	截图说明
5.点击"开始",运行程序。	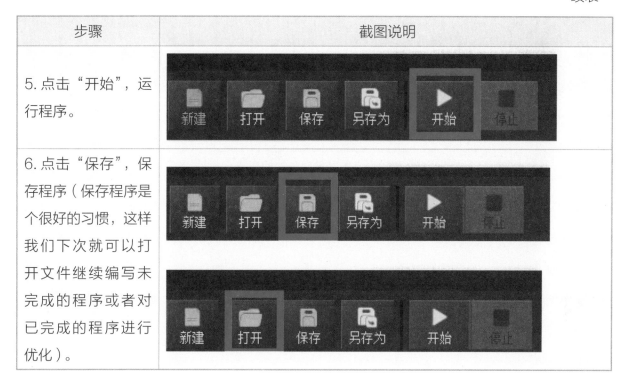
6.点击"保存",保存程序(保存程序是个很好的习惯,这样我们下次就可以打开文件继续编写未完成的程序或者对已完成的程序进行优化)。	

做一做

我们刚才学习了如何通过编写程序控制手爪开合,同学们可以试试通过编程的方式来控制吸盘。

创意设计

项目实践　愚公移山

项目要求:将 A 区域内的"山"转移至 B 区域内,不能超出框外,不能压线。

项目评分:最先准确放置完所有积木者即为获胜方。

下面,我们以积木为山,编写程序,利用机械臂来帮助愚公移山。

1. 用流程图表示机械臂要完成的动作

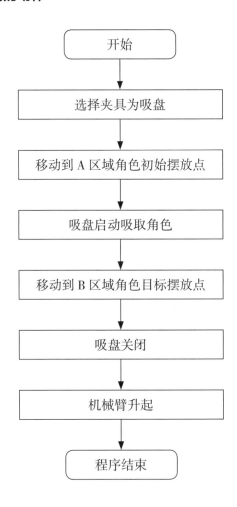

2. 搭建程序模块

按照已经构建好的流程图，从程序模块中找出我们需要的模块并将其拖至编辑区进行组合。

想一想

"延时 0.5 s"这个模块连续出现了 4 次，如果每次用到的时候我们都从程序模块区中拖出来，会不会很麻烦？有没有什么方法可以为后续操作提供便利？

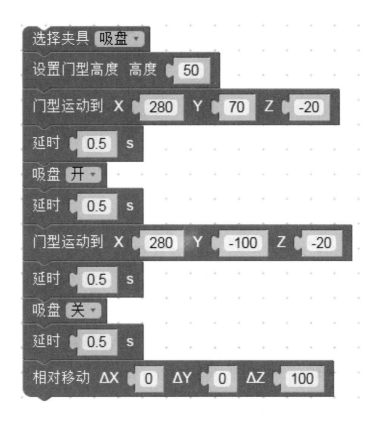

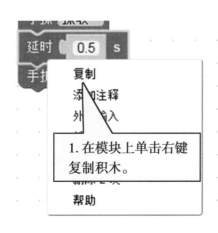

做一做

程序中多次用到相同的模块时，可以直接复制，在模块上单击右键，在弹出的菜单中选择"复制"，会复制一块同样的模块，拖模块连接到程序中就可以。

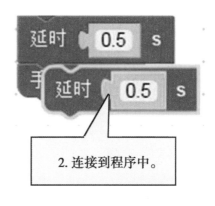

1. 在模块上单击右键复制积木。

2. 连接到程序中。

3. 故事重现

使用积木或其他材料作为太行和王屋两座山，用机械臂配合已经编好的程序来进行移山，完成移山场景的重现。比一比，看看哪个小组的大力神移山速度更快！

分享与评价

交流分享

1. 两个程序模块怎样才算拼合在一起？同学之间可以互相交流心得。

2. 在 DobotBlockly 程序编辑区右下角有四个图标，大家发现它们各自可以实现哪些功能？

综合评价

评价方法	评价环节	评价内容（行动指标）	评价标准
			根据实际情况做出合理评价，给下面的星星涂色
自我评价	场景导入	基本了解编程语言发展简史	☆ ☆ ☆ ☆ ☆
		熟悉 DobotBlockly 的界面和基本操作	☆ ☆ ☆ ☆ ☆
		能用编程的方式控制机械臂套件	☆ ☆ ☆ ☆ ☆
	创意设计	与同伴相互配合，积极交流	☆ ☆ ☆ ☆ ☆
相互评价	创意设计	能用流程图表示算法的思路	☆ ☆ ☆ ☆ ☆
		能使用机械臂完成移山任务	☆ ☆ ☆ ☆ ☆
		能与同伴相互合作	☆ ☆ ☆ ☆ ☆
	分享与评价	能与同伴交流搭建模块的窍门	☆ ☆ ☆ ☆ ☆

技能拓展

找不同

在 DobotBlockly 里，搬运物品用到的是 DobotAPI 中"运动"分类下"门型移动"模块和"移动"模块，输入相应的物品初始位置的 X，Y，Z 坐标，即可让机械臂移动到该点。如下图所示。

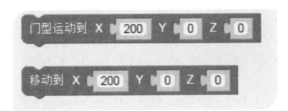

在本课案例中，我们选用门型移动作为机械臂的移动方式，门型高度的设置可用 DobotAPI 配置分类里的"设置门型高度"模块在程序最开始进行设置，设置的高度比被夹取物品的高度高即可。如下图所示。

上文提到的"门型移动"和"移动"这两个模块都可以完成点到点的移动，但它们有什么区别？可以动手试着做一做，观察一下两种移动方式分别有哪些特点，讨论两种模块各自适用于哪种情境。

完成两部分的模块搭建之后，你对"编程"有了哪些新的理解？你认为编程还可以实现哪些基本功能？与同学互相交流。

第八课 ▶ 循环的智慧

>>>>

场景导入

　　事物周而复始地发生运动或变化称为"循环"。在文学作品中，也有许多关于循环的解释。例如，《史记·高祖本纪》中提到"三王之道若循环，终而复始"；魏晋的陆机在《梁甫吟》中提到"四运循环转，寒暑自相承"。

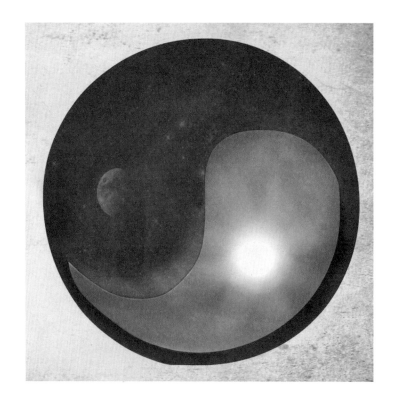

　　循环随处可见，月亮圆了又缺是自然中的循环，车间中的流水线是工作中的循环，地球上的水通过改变状态到达地球上另一个地方是物质循环……循环还有很多，那么在这些过程中，循环是怎样发生的，涉及哪些知识？就让我们一起来探索吧！

活动1 无处不在的循环

在前文中，我们提到了循环的一些例子，但涉及循环的现象，远远不止以上所提到的。要想全面详尽地归纳生活中的循环，我们就需要借助思维导图的帮助。如下图所示。

思维导图又被称为心智地图、脑图、树状图或者灵感触发图，它是一种图像式思考辅助工具，符合人类放射性思考的习惯。任何一种文字、数字、符号都能成为思考的中心，并散发出许多关节点，每个关节点代表与中心主题的连结，而每一个连结又可以成为新的思考中心，各级主题的层次关系一目了然，能帮助我们快速直观地进行头脑风暴。

小博士

大脑对色彩比较敏感，绘制思维导图时，使用不同的颜色来表示不同的子主题可以将彼此区别开来，有利于记忆。

如果我们需要找出与循环有关的事物，就可以将循环作为中心主题进行发散性思维，将想到的主题都记录下来，内容不局限于已有的关节点，可以发挥想象自由增减。如下图所示。

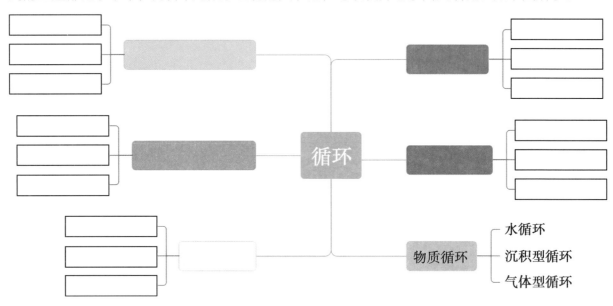

大家可以扫一扫左边的二维码，通过视频了解更多思维导图的相关知识。

活动2 环保小卫士

仔细观察上图，想一想你在哪里见过这个标志？ _____

该标志表示什么？ _____

小博士

根据《城市生活垃圾分类及其评价标准》，可回收物是指适宜回收循环使用和资源利用的废物，主要包括：

（1）纸类：未严重玷污的文字用纸、包装用纸和其他纸制品等，如报纸、各种包装纸、办公用纸、广告纸片、纸盒、复印纸等；

（2）塑料：废容器塑料、包装塑料等塑料制品，如各种塑料袋、塑料瓶、泡沫塑料、一次性塑料餐盒餐具、硬塑料等；

（3）金属：各种类别的废金属物品，如易拉罐、铁皮罐头盒、铅皮牙膏皮等；

（4）玻璃：有色和无色废玻璃制品；

（5）织物：旧纺织衣物和纺织制品。

我们可以通过下面的废纸再利用的小实验来体验循环再生的过程。

材料准备：废旧纸张、水、橡胶手套、塑料板、纱网、木棒、盆。

在以上环节中我们学习了循环再生，循环在生活中还有更加广泛的应用。

学校要举行表彰大会，给表现优异的同学们颁发奖状。张老师负责给几百张奖状盖章，面对堆积如山的纸张，张老师犯了难。如果他一只手盖章，另一只手翻动奖状，那么效率就会很低；如果能够像工厂流水线那样有一个人负责盖章，另一个人负责放置奖状，那么速度就会很快，可现在办公室里只有他一个人。张老师目光一转，注意到办公室还有一台 Dobot 机械臂，同学们能想个办法让机械臂成为张老师的得力小帮手吗？

项目实践　机械臂循环盖章

项目要求：利用 DobotBlockly 实现机械臂循环盖章。

项目评分：（1）项目完成度（70%）。

　　　　　（2）项目完成时间（15%）。

　　　　　（3）自主学习，团队合作（15%）。

1. 初识循环结构

在很早以前，人们大多使用油印机来进行复印，整个过程完全采用手工操作，将蜡纸夹在印刷网上，把待印刷的纸张放在印刷网下方，将沾满油墨的胶辊均匀地从后向前推动，印刷就完成了。这种方法一次只能印一张，非常耗费人力，而且没有任何计数装置，只能人工计数，如果遗忘了已经印了多少张，还要从头再数一遍。

复印机的出现把人类从烦琐的重复劳动之中解放出来，只需要将待复印的文件放进复印机中，然后输入要复印的份数就可以了。但机器是如何来判断是否已经完成工作的？我们可以用循环结构来理解这个过程。

我们可以用下面的流程图来理解复印机的计数过程（用字母 S 来表示复印的份数）：

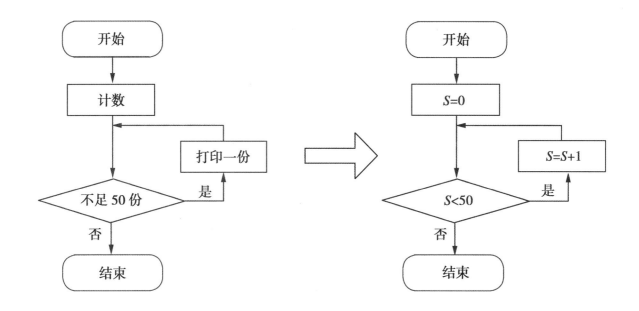

小博士

在一些算法中，也经常会出现从某处开始，按照一定条件，反复执行某一步骤的情况，这就是循环结构。循环结构一般包括当型循环和直到型循环。

反复执行的步骤被称为循环体。

注意　循环结构不能是永无终止的"死循环"，一定要在某个条件下终止循环，这就需要条件结构来做出判断。因此，循环结构中一定包含条件结构。

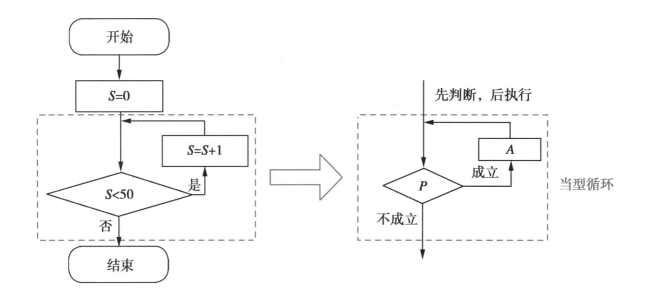

　　上图中的循环结构为当型循环，先判断条件 P 是否成立。当条件 P 成立时，执行 A ；当 P 不成立时，则不再执行。

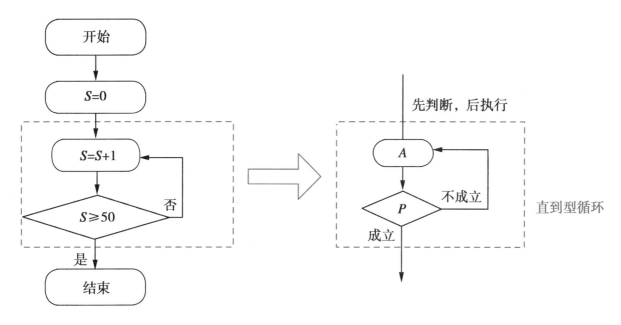

上面的过程也可以用直到型循环来表示，先执行 A，再判断所给条件 P 是否成立。若 P 不成立，则重复执行 A，直到 P 成立，该循环过程结束。

如果我们要给三份文件盖章，这个过程用流程图应该如何表示?

2. 让机械臂动起来

我们可以编写程序让机械臂实现自动循环盖章，利用机械臂的气泵来吸取和移动印章。在调试程序时，我们以给三份文件盖章为例来编写程序，应有以下步骤：

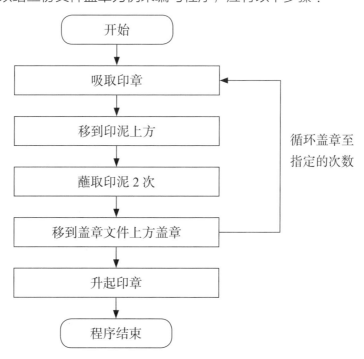

3. 基础模块搭建

步　骤	图示说明
（1）吸起印章。 在自动盖章过程中，气泵一直保持工作状态吸紧印章，因此吸起印章的动作只需要在程序最开始时进行一次，让手爪一直吸住印章即可。设计程序前可先摆放和调节好印章的位置让机械臂牢固吸取，然后按当前印章的摆放位置去调整印泥和文件表面的 Z 值。	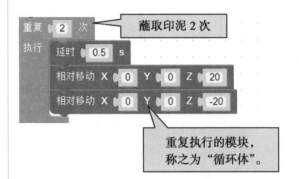
（2）蘸取印泥。 为了让印章充分均匀蘸取印泥，一般要重复进行 2～3 次蘸取的动作，那么实现这样一种重复指定次数的同样操作就需要用到编程里的指定次数循环结构了。在循环分类里找到"指定次数循环"模块，在输入框中输入重复执行的次数"2"，然后把需要执行的功能模块放到下方执行区域里，即可实现将这些功能模块重复执行相应次数。	
（3）循环盖章。 需要盖章的文件份数是确定的，也采用"指定次数循环"模块。由于先重复蘸取印泥，再在文件上盖章，给多份文件盖章又是需要循环执行的，所以这里的循环结构是嵌套的。一个循环（内层循环）负责 2 次蘸取印泥，另一个循环（外层循环）控制给多少份文件盖章。循环的嵌套在编程中非常重要，它可以解决大量的编程问题。	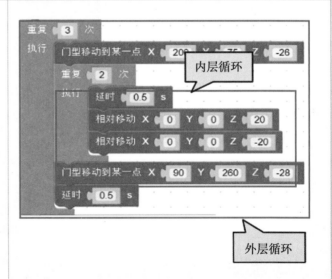

<table>
<tr><td>

（4）运行程序。

将吸起印章的程序模块和循环盖章模块组合在一起，点击"开始"，运行程序。如果程序运行顺利，那么就可以把外层循环中的"3"次改为实际需要盖章的文件份数。

</td><td>

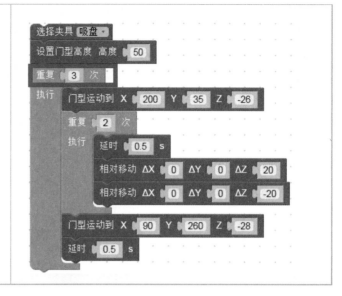

</td></tr>
</table>

把手爪套件组装在机械臂上，使用程序控制机械臂，观察最终印章结果，将你们的成果粘贴在下方，与别的小组互相交流。

分享与评价

交流分享

1. 当型循环和直到型循环有哪些特点？分别对应 Blockly 中的哪两个模块？

2. 同学之间相互交流彼此的程序模块，看看有哪些不一样的思路。

综合评价

评价方法	评价环节	评价内容（行动指标）	评价标准 根据实际情况做出合理评价，给下面的星星涂色
自我评价	场景导入	了解循环的概念和相关现象	☆ ☆ ☆ ☆ ☆
		掌握思维导图的运用	☆ ☆ ☆ ☆ ☆
		了解循环再生的意义	☆ ☆ ☆ ☆ ☆
	创意设计	与同伴相互配合，积极交流	☆ ☆ ☆ ☆ ☆
相互评价	创意设计	能用流程图表示算法的思路	☆ ☆ ☆ ☆ ☆
		了解直到型循环和当型循环	☆ ☆ ☆ ☆ ☆
		能与同伴相互合作，并成功完成任务	☆ ☆ ☆ ☆ ☆
	分享与评价	能与同伴交流课堂心得	☆ ☆ ☆ ☆ ☆

技能拓展

1. 函数的定义与调用

小博士

编程时，经常把重复执行的语句或特定功能的程序段写成函数，当在主程序中需要用到这些语句时，直接调用这个函数即可。

在编程中，函数是固定的一个程序段，或称其为一个子程序，它在可以实现固定运算功能的同时，还带有一个入口和一个出口。所谓的入口，就是指可以通过这个入口，把函数所带参数的参数值代入子程序，供计算机处理；所谓的出口，就是指在计算机求得函数的函数值之后，由此口带回给调用它的程序。

函数的形式分为带输出值和不带输出值两类。不带输出值的函数不返回函数值，带输出值的函数在调用和被调用间有数据（变量）传递。如果有一些语句不止一次用到，而且语句内容都相同，就可以把这样的语句写成一个不带参数的子函数。

未使用函数的程序与使用函数的程序对比如下图所示。

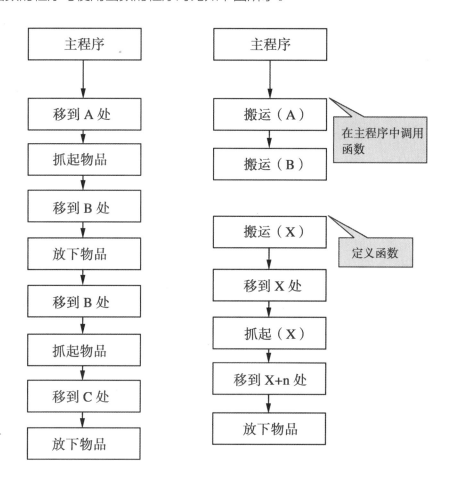

如果需要把吸取印章这一动作也一同加入程序，可新建一个吸取印章的函数并在程序开始时调用该函数。在函数分类里，第一个功能模块可以实现创建一个不带输出值的函数。如下图所示。

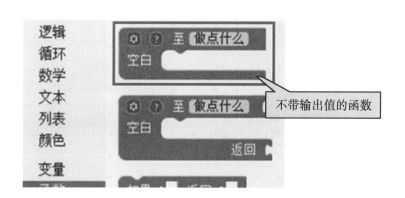

拉动该功能模块到程序编辑区域，将需要实现的功能模块放到该功能模块下，在"做点什么"输入框中为函数输入一个名字，即可完成对一个函数的定义。我们尝试编写一个吸取印章的函数，

如下图所示。

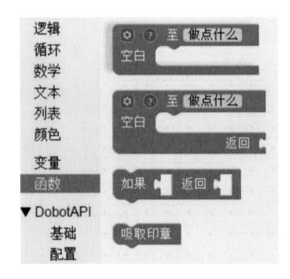

此时会发现函数分类最下方多出一个新的函数"吸取印章"，如下图所示。

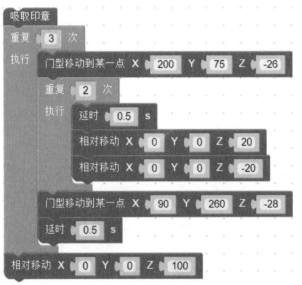

和其他功能模块一样，直接将函数拉到程序编辑区里即可调用该函数。调用函数后的主程序如下图所示。

做一做

想一想，哪些程序块也可以被编写成函数？动动手让你的主程序更简洁些吧！

技能拓展

2. 善于利用图表思考问题

在以往的学习中，我们介绍了思维导图和流程图这两种工具，思维导图能帮助我们发散思维，流程图能让我们思路清晰。在思考和研究问题时，还有许多实用的图表工具能帮助我们快速发现问题，如下表所示。

图　表	简要介绍
FISHBONE DIAGRAM	鱼骨图，由日本管理大师石川馨发明，因此也称"石川图"。它看上去像鱼骨，问题或后果标在"鱼头"之外，将出现问题的可能原因按照出现机会的多少排列在鱼骨上变成鱼刺，来说明各个原因是如何相互影响的
主题（九宫图）	九宫图分析法是进行思维拓展的一种方法，将要思考的主题写在最中央，而后向八个方向把由主题引发的思考写下来
折线图	折线图，类别数据沿水平轴均匀分布，所有值数据沿垂直轴均匀分布，可以显示随时间而变化的连续数据，因此非常适用于显示在相等时间间隔下数据的趋势
条形统计图	条形统计图，用一个单位长度表示一定数量，从条形统计图中很容易看出各种数量的多少

 做一做

选一种你感兴趣的图表，仔细研究其用处，并向同学们介绍它的使用方法吧！

第九课 ▶ 多米诺骨牌搭建

>>>>

多米诺骨牌世界吉尼斯纪录

多米诺骨牌 (domino) 是一种用木块、骨骼或塑料制成的长方体骨牌。视频中（扫描左边二维码），275000 张多米诺骨牌在第一张骨牌倒下后依次被推倒，场面十分壮观。在码放骨牌时，骨牌会因意外而一次次倒下，参与者时刻面临着失败的打击，它不仅考验参与者的体力、耐力和意志力，还有助于提高参与者的智力、想象力和创造力。下面，我们一起来了解多米诺骨牌，挑战利用机器设备摆放多米诺骨牌。

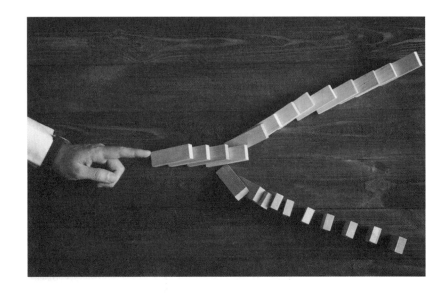

观看视频，思考多米诺骨牌的摆放有哪些特点。

1. 知识课堂　多米诺骨牌

◎ 多米诺骨牌的起源

多米诺骨牌实际上发源于中国古代的"牌九"。在宋徽宗时期，民间出现了一种名叫"骨牌"的游戏，当时的骨牌多由牙骨制成，所以骨牌又有"牙牌"之称。据记载，"牙牌"于19世纪流传到意大利后，人们会利用其上面的点数来做一些拼图游戏。后来一个意大利人好奇地把骨牌竖立排列，于是骨牌逐渐发展成了原始的"多米诺骨牌"。

1849年，意大利传教士多米诺从中国回到阔别8年的米兰。他拿出一件又一件礼物给家人，但他的女儿小多米诺只喜欢一套28张的骨制产品——牙牌。她男友阿伦德是个性情浮躁的人，小多米诺就让他把28张牌一张一张地竖立排列，不许倒下，还规定完成时间，如果不成功就一周不许他参加舞会！经过很多天的磨练，阿伦德终于变得性格坚强，做事稳重。后来，多米诺为了让更多的人玩上骨牌，制作了大量的木制骨牌，并发明了多种玩法。不久，木制骨牌就迅速地在意大利及整个欧洲传播开来，骨牌游戏成了欧洲人的一项高雅运动。

再后来，人们为了感谢多米诺给他们带来这么好的一项运动，就把这种骨牌游戏命名为"多米诺"。现在，"多米诺"已经成为世界性的运动，在非奥运项目中，它是知名度较高、参加人数众多、扩展地域非常广的一项体育运动。

◎ 多米诺骨牌的游戏规则

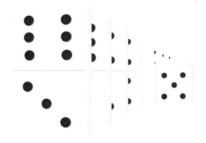

多米诺骨牌的游戏规则非常简单，将骨牌按一定间距的尺寸排成单行或分行排成一片，推倒第一张骨牌，其余骨牌因连锁反应依次倒下，或形成一条长龙，或形成一幅图案，骨牌撞击的声音，清脆悦耳。

最原始的多米诺骨牌的玩法仅仅是单线，比赛谁推倒得更多、更远。随后玩法从单线向平面发展，人们开始利用多米诺骨牌组成一些文字和图案。现在，多米诺骨牌进一步向着立体层次发展，并且应用高科技成果，配以声、光、电的效果，使多米诺骨牌的传递具有了多种形式，同时，它的艺术性也增强了。

◎ 多米诺骨牌效应

在一个相互联系的系统里，一个很小的初始能量就可能产生一系列的连锁反应，这种现象被称为"多米诺骨牌效应"。

多米诺骨牌中隐藏着一种物理原理，当骨牌竖立时，重心较高，倒下时重心降低。在倒下

的过程中，重力势能转化为动能，它倒在第二张牌上，这个动能就转移到第二张牌上，第二张牌将第一张牌转移来的动能和自己倒下过程中由本身具有的重力势能转化来的动能叠加，叠加后的动能再传到第三张牌上……所以每张牌倒下的时候，具有的动能都比前一块牌大。因此，它们的速度一个比一个快，也就是说，它们依次倒下时所产生的能量一个比一个大。

活动　多米诺骨牌手工搭建体验

做一做

　　尝试用 15 枚骨牌搭建出一个"一"字形的骨牌结构，骨牌搭建形状俯视图（局部）如下，要求间隔均匀，摆放位置整齐划一。

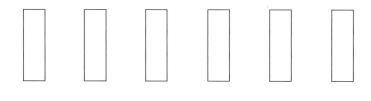

想一想

　　若要骨牌全部倒下，骨牌间的距离与骨牌尺寸需满足什么条件？

创意设计

　　通过人工搭建多米诺骨牌，同学们应该能够体会到要精准、稳定、快速地完成上述搭建并非易事。如果能够利用机器通过精确且稳定的移动来进行搭建，那我们就不用担心在搭建的过程中出现各种意外了。

项目实践　用机械臂搭建多米诺骨牌

项目要求：利用 DobotBlockly 编写利用机械臂搭建多米诺骨牌的程序。

项目评分：（1）项目完成度（70%）。

　　　　　（2）项目完成时间（15%）。

　　　　　（3）自主学习、团队合作（15%）。

如果编写出夹取、摆放骨牌的程序，结合手爪套件，我们便能够让机械臂自动搭建多米诺骨牌。下面，我们尝试用机械臂来搭建多米诺骨牌。

1. 绘制程序实现流程图

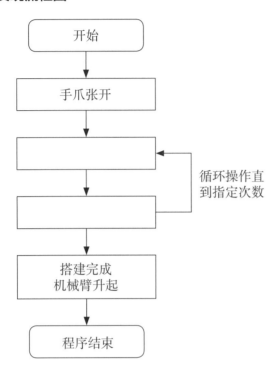

用程序控制机械臂搭建多米诺骨牌需要哪些动作与步骤？请完成左面的流程图。

2. 用机械臂搭建多米诺骨牌主要操作步骤

（1）手爪夹取方式与骨牌摆放位置

机械臂以何种方式夹取和移动骨牌，才能保证在搭建过程中不会误触骨牌？

夹取竖直放置的骨牌的窄边较上方位置，这种情况下手爪开合不会影响到前后的骨牌。为了方便夹取和放置骨牌，将骨牌存放点和搭建点的骨牌摆放朝向一致，如下图所示。

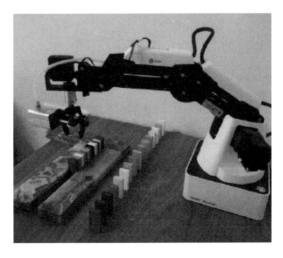

如下图所示，在编写程序时，选择 DobotAPI 运动分类，"设置末端角度"模块为 90 度。

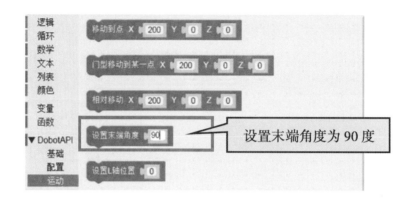

（2）骨牌存放点的骨牌固定方式

如何保证机械臂每次都能够准确无误地夹取骨牌？

在骨牌存放点放置一个固定骨牌位置的装置，如下图所示。这样能够将骨牌竖直整齐地摆放在固定位置，重复使用程序时机械臂也可以重复到同样的地方夹取骨牌，不必再调节骨牌存放位置。

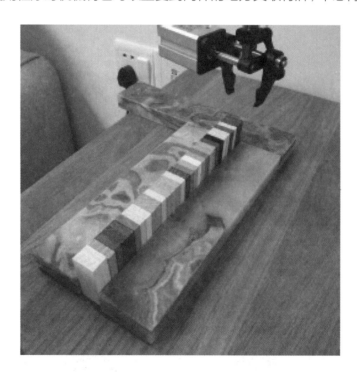

（3）移动到骨牌存放点夹取骨牌

如何实现机械臂每次按照一定的间隔依次夹取骨牌呢？

在骨牌存放点，一排骨牌的坐标值呈现等差的规律，距离间隔为一个骨牌的厚度。因此，只需要更改机械臂每次夹取骨牌的位置的 Y 轴坐标值，在上一次的基础上加上（从右向左夹取）或减去（从左向右夹取）一个骨牌的厚度即可。具体实现过程如下：

搭建目标点的 Y 坐标是不断变化的，我们可以引入一个变量来对应 Y 坐标，此处需要用到变量分类中的"赋值"模块。

在"赋值"模块下拉菜单中选择"新变量"，输入变量名称"夹取骨牌 Y 坐标"（变量名称可自拟），由于 Y 坐标随着夹取的次数呈现等差变化的规律，需要引入一个新的变量 i 来表示运行的次数，以便对每一次的"夹取骨牌 Y 坐标"进行计算，如下图所示。

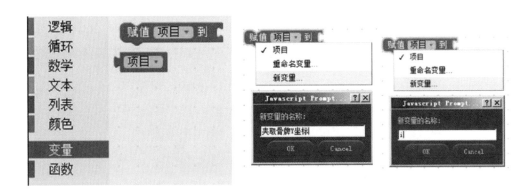

为变量 i 赋值。从"数学"分类中拉出第一个数字模块连接其后，在输入框中输入"0"对其进行赋值，如下图所示。

通过第二个运算模块为"夹取骨牌 Y 坐标"赋值。设计夹取的第一枚骨牌的 Y 值为 0，然后从右到左依次夹取，即每次 Y 值增加一个骨牌的厚度 (7mm)。可知运算公式为初始的 Y 坐标 0 加上每一次变化的差值 7，所以实现方式如下图所示。

（4）循环夹取骨牌

想一想　　如何实现机械臂每次按照一定的间隔依次夹取骨牌呢？

可以采用循环模块（按步长循环模块），如下图所示。

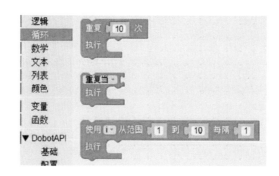

使用方法为通过下拉菜单选择刚才定义的变量i，范围可根据需要夹取骨牌的次数进行设置。如果我们需要搭建15枚骨牌，则设置范围为"0"到"14"，"每隔"后填入"1"。循环过程中i的值从0到14依次增加1，执行框中拉入需要循环执行的程序，也就是夹取骨牌相应的动作，即可以实现在该范围内每隔指定步长循环一次，走完范围内的步长则循环结束，示例如下图所示。

放置骨牌的部分编程设计原理也需要用到变量递增和指定步长循环模块实现。

需要注意的是，在编程过程中要注意所设置的坐标位置是否位于机械臂行程范围内，若超出，则程序不能正常运行。

（5）机械臂移动方式

在夹取和放置骨牌的过程中，机械臂应采用怎样的移动方式？

可以采用门型移动方式，通过"移动到点"模块来一步一步移动。使用多个"移动到点"模块把门型移动的各个点作为单独的一条语句，让机械臂按照门型移动的方式一个点一个点地移动，这样可避免末端夹具归零，也能够实现机械臂的门型移动，程序如下页图所示。

逻辑
循环
数学
文本
列表
颜色
变量
函数
▼ DobotAPI
　基础
　配置
　运动

移动到点 X 200 Y 0 Z 0

门型移动到某一点 X 200 Y 0 Z 0

相对移动 X 200 Y 0 Z 0

设置末端角度 90

设置L轴位置 0

3. 编写用机械臂搭建多米诺骨牌程序

试一试

完整的程序应该如何编写呢？尝试编写用机械臂搭建多米诺骨牌的完整编程，可参考以下示例。

选择夹具 手抓
手抓 张开
设置末端角度 90
移动到点 X 300 Y 0 Z 80
赋值 i 到 0
使用 i 从范围 0 到 14 每隔 1
执行 赋值 夹取骨牌Y坐标 到 0 + 7 × i
　　 赋值 放置骨牌Y坐标 到 -160 + 25 × i
　　 移动到点 X 300 Y 夹取骨牌Y坐标 Z 10
　　 延时 1 s
　　 手抓 抓取
　　 延时 1 s
　　 手抓 抓取
　　 延时 1 s
　　 相对移动 X 0 Y 0 Z 80
　　 移动到点 X 190 Y 放置骨牌Y坐标 Z 80
　　 移动到点 X 190 Y 放置骨牌Y坐标 Z 6
　　 延时 1 s
　　 手抓 张开
　　 延时 1 s
　　 移动到点 X 190 Y 放置骨牌Y坐标 Z 80
　　 移动到点 X 190 Y 夹取骨牌Y坐标 Z 80
延时 1 s
手抓 关
移动到点 X 300 Y 0 Z 80

做一做

各小组进行多米诺骨牌搭建比赛,尝试利用机械臂将15枚骨牌搭建一个"一"字形的骨牌结构,自由设定每枚骨牌之间的间隔,要求最后骨牌能够全部倒下。

1. 记录各小组比赛完成时间,选出班级里搭建速度最快的小组。

小组	时间
1	
2	
3	
4	
5	
6	

2. 15枚骨牌依次倒下需要多长时间?如果是30枚、45枚……骨牌呢?请通过实验找出其中的关系,并分析原因。可利用机械臂严格控制骨牌之间的距离来减小实验误差。

_____

_____

_____

3. 在搭建多米诺骨牌的过程中,除了手爪还可以用到哪种套件?这种套件和手爪套件各有什么优点和缺点?

_____

_____

_____

分享与评价

交流分享

总结并反思比赛中出现的问题以及应对措施,整理本课的学习收获与感想。

组别	
比赛成绩	
比赛过程中遇到的问题	
针对比赛操作的反思	
学习收获与感想总结	

综合评价

评价方法	评价环节	评价内容（行动指标）	评价标准 根据实际情况做出合理评价，给下面的星星涂色
自我评价	创意性	能够计算出科学合理的骨牌间隔	☆ ☆ ☆ ☆ ☆
	问题解决能力	能够根据比赛要求，操作机械臂夹取和移动骨牌，成功完成比赛	☆ ☆ ☆ ☆ ☆
	参与度	能够积极参与小组活动，主动承担个人任务分工	☆ ☆ ☆ ☆ ☆
相互评价	团队合作能力	在比赛过程中，能够互帮互助，共同成功完成本组操作	☆ ☆ ☆ ☆ ☆

技能拓展

搭建形状更复杂的多米诺骨牌

回顾本课第一环节视频中出现的形状复杂、搭建工程浩大的多米诺骨牌，第一枚骨牌倒下后，第二枚、第三枚、第四枚……数十万枚骨牌依次倒下，出现各种各样的形状与图案。

现在，同学们已经搭建了直线形的多米诺骨牌，对利用机械臂搭建多米诺骨牌有了一定的经验。如果用更多骨牌来搭建更复杂的形状，我们应该如何实现呢？下面，在机械臂的可操作范围内，各小组尝试搭建出更复杂的多米诺骨牌。

1. 设计本组想要搭建的多米诺骨牌形状。

多米诺骨牌形状设计

（参考示例）

2. 列出实现用机械臂搭建多米诺骨牌所需解决的难点，如机械臂的移动方式等，并讨论如何解决。

_____

_____

3. 编写程序，并试验能否成功搭建形状复杂的多米诺骨牌。

小博士

如果需要搭建更多多米诺骨牌形状，可配合末端角度模块设置相应的 J4 轴的角度放置骨牌，在输入框中输入相应的角度即可。

第十课 ▶ 智能小帮手

>>>>

场景导入

在我们的生活中，有时会见到残疾人，他们因为各种先天或后天的原因而失去身体的某一部分。有些我们可以轻松完成的动作，如搬运物品、敲击键盘、书写、行走等，对他们来说都是比较困难的事情，我们可以试着运用先进的科技开发出智能工具，让他们的生活更加便利！

想一想

1. 思考残疾人在生活中会遇到哪些困难。
2. 你知道哪些关于残疾人的励志故事？他们又是如何克服生活中遇到的困难的？

知识课堂　科技改变生活

人们对客观事物的认知是从感觉开始的，它是最简单的认知方式。例如，当柠檬作用于我们的感觉器官时，我们通过视觉可以认识它的颜色、形状，通过味觉可以品尝它的酸味，通过嗅觉可以感知它的清香气味，通过触觉可以感知柠檬略带粗糙的表皮。感觉能够产生，都是因为有感受器的存在。

感受器广泛地分布在人体各部，构造也有所不同。有的感受器结构简单，如皮肤内与痛觉有关的游离神经末梢；也有的较为复杂，除了感觉神经末梢外，还有由一些细胞或数层结构共同形成的一个末梢器官，如接收触、压等刺激的触觉小体、环层小体；还有的更加复杂，除末梢器官外，还有很多附属器官，如视觉器官、眼球外肌等，这一种统称为特殊感觉器官。

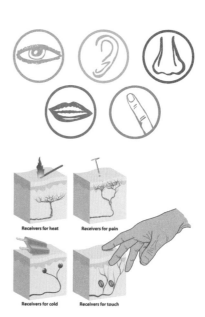

以前的假肢，大部分都不具备传感功能，只具备外表上的美观性。然而，随着科技的进步，让残疾人拥有像普通人一样"灵活自如"的肢体已经不再是梦想。

美国国防部高级计划研究局资助发明家迪安·卡门研发了一款名为"LUKE"的机械臂来帮助那些从战场归来的残疾士兵重拾信心。现在的"LUKE"能够模拟出大脑中100种左右的触觉，它能连接患者的残余神经，与植入肌肉中的电极控制器创建信息循环，转换成大脑可识别的触觉信号。

我国也有一些研发团队致力于智能手臂的开发，他们集合了薄膜压力传感器、霍尔传感器、人工智能、神经控制和仿生皮肤等一系列的先进技术，还原残疾人受伤以前双手的活动能力。

你还知道哪些可穿戴的智能设备？可以与同学相互交流。

智能机械臂的设计与开发并非一蹴而就，需要很多知识与技能结合，想要让它成为人类的小帮手更加不易。但我们仍克服重重困难，使它成为现实。那么智能机械臂究竟是如何成为人类小帮手的呢？今天我们利用魔术师机械臂简单地模拟一下这一过程吧！

实验　你能帮帮他吗？

如果一个行动不便的残疾人想要不借助他人的力量拔掉手机充电器，那么他可以怎样做？为防止过度充电，需要一个能够定时拔出充电器的设备。在之前的课程中，我们已经对编程有所了解，利用DobotBlockly设计一个程序，可以实现机械臂定时拔充电器的功能。与同学一起讨论、思考以下几个问题：

1. 定时拔充电器程序的特点是什么？

_____

2. 程序设计的关键点是什么？

_____

3. 如何来实现定时功能呢？

_____

了解了定时拔充电器程序的基本实现方式，请画出程序实现的流程图。

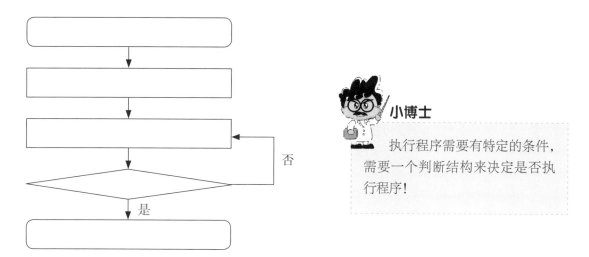

否

是

小博士

执行程序需要有特定的条件，需要一个判断结构来决定是否执行程序！

创意设计

项目实践　定时拔充电器

项目要求：利用 DobotBlockly 编写程序实现机械臂定时拔充电器。

项目评分：（1）项目完成度（70%）。

（2）项目完成时间（15%）。

（3）自主学习、团队合作（15%）。

1. 安装手抓套件

2. "拔充电器"函数的定义

在定时拔充电器的程序里，拔充电器是一个需要执行的动作，把拔充电器的动作步骤定义为一个函数，然后在主程序中调用即可，如下图所示。

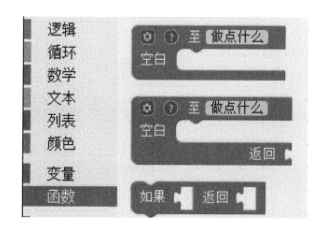

在"拔充电器"输入栏里输入需要定义的函数的名字。因为该函数主要实现拔充电器的功能，所以我们将它命名为"拔充电器"。在下方拉入拔充电器需要用到的机械臂的动作和其他功能模块即可完成一个函数的定义。

拔充电器需要执行的动作并不复杂，程序示例如下图所示。

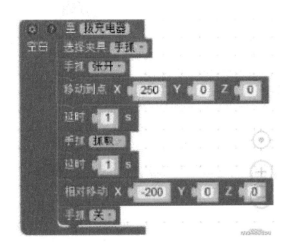

完成了该函数的编写后，单击"函数"分类就会发现多出来一个"拔充电器"功能模块，如下图所示，我们就可以直接在主程序里进行调用，直接拉入该模块就可实现拔充电器动作，无须每次重复编写拔充电器的动作模块了。

拔充电器

3. 获取时间与定时

定时执行对程序的最基本要求是能够实现获取系统时间、对比定时时间与当前时间。在DobotAPI 的基础分类里，我们可以找到一个获取时间的功能模块，如下图所示。

为了了解该模块获取的时间格式，我们可以使用打印模块来显示获取时间的数值，如下图所示。

小博士

可以发现，获取到的时间并非是我们平常所熟悉的 hh:mm:ss 的系统时间格式，而是一长串还带小数点后很多位的数字，这是为什么呢？这其实是编程时间里惯用的表示方法，这个数值其实是秒数，指的是从过去某个时间点，比如说 1970 年 1 月 1 日 8 时，一直到现在的秒数。虽然获取的时间格式并非是我们平常熟悉的时间表示方法，但对于想实现一定时间后执行某项程序的功能并不影响，我们可以将定时设置为秒数，定时时间等于当前时间加定时秒数。

4. 判断执行时间

定时执行拔充电器程序的最大难点在于如何判断执行时间。这里面有几个时间点的关系：开始时间、定时时间、执行时间、当前时间。

首先，定义一个变量为"开始时间"，在程序一开始通过获取时间模块为其赋值。其次，由于获取时间的格式为秒，定时的时间长度用秒来表示，定义一个变量为"定时秒数"，需要多少秒后执行程序就在其后赋值相应的秒数。为了对比明了，再定义一个变量为"执行时间"，计算程序需要执行的时间，执行时间 = 开始时间 + 定时秒数。最后，还需要定义一个变量记录"当前时间"，反映在程序运行过程中当前的时间。程序的实现逻辑为：在运行过程中对比当前时间和执行时间，若当前时间小于执行时间，则返回继续对比；若当前时间大于执行时间，则停止对比，执行拔充电器任务。

要判断当前时间是否到达执行时间，需要在当前时间还没到达执行时间时不断地循环比较，直到当前时间大于或等于执行时间,这里就要用到循环分类里的一个新的功能模块——当型循环 / 直到型循环模块，如下图所示。

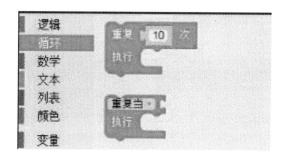

我们可以在循环开始前先赋值一个当前时间，然后在循环体内设置，当执行时间大于当前时间时，不断赋值新的当前时间，然后对比执行时间与当前时间的大小，一旦执行时间小于或等于当前时间，跳出循环体，执行拔充电器函数。

要判断两个值之间的大小关系，我们需要用到逻辑分类里的比较模块，可通过下拉菜单选择两个值之间的逻辑关系，包括等于、大于、小于、大于或等于、小于或等于、不等于，如下图所示。

循环进行逻辑判断是否到达执行时间的具体程序示例如下：

为了更直观地反映程序运行的过程，了解循环体对比的参数情况，我们可以在程序中加入打印模块将变量的值打印出来，如下图所示。当程序结束时打印"程序结束"的语句，这样能够更清楚地知道程序运行到哪一步，也可以在问题出现时更及时明了地查找原因，这是我们调试程序常用的方法。

完整的程序示例如下图所示。

想一想 　在编程过程中遇到了哪些问题？该如何解决？

分享与评价

交流分享

向同学们展示能够定时拔充电器的机械臂，并简单进行说明。

综合评价

评价方法	评价环节	评价内容（行动指标）	评价标准
			根据实际情况做出合理评价，给下面的星星涂色
自我评价	创意设计	能够熟练安装手抓套件	☆ ☆ ☆ ☆ ☆
		能够完成程序的编写	☆ ☆ ☆ ☆ ☆
		机械臂能够完成定时拔充电器的任务	☆ ☆ ☆ ☆ ☆
	分享与评价	能够完整地展示并介绍所完成的作品	☆ ☆ ☆ ☆ ☆
相互评价	创意设计	机械臂能够完成定时拔充电器的任务	☆ ☆ ☆ ☆ ☆
	分享与评价	能够完整地展示并介绍所完成的作品	☆ ☆ ☆ ☆ ☆

技能拓展

物联网时代的到来，能为我们的生活带来很大的便利，也能极大改善残疾人的生活状态。你听说过物联网吗？和同学交流讨论：你印象中的物联网是什么，物联网又能解决哪些问题。

我觉得物联网是 ＿＿＿＿＿＿＿＿＿＿＿＿＿＿＿＿＿＿＿＿＿＿＿＿＿＿＿＿。

物联网能够 ＿＿＿＿＿＿＿＿＿＿＿＿＿＿＿＿＿＿＿＿＿＿＿＿＿＿＿＿＿。

顾名思义，物联网就是物物相连的互联网，即物体与物体之间通过网络相连接的技术（Internet of things），简称"IOT"。目前，物联网技术已开始走进我们的生活，通过将手机与电视相连接，可利用电视看到手机中的照片和视频，手机中的文件也可以立刻进行打印。当然，

物联网技术绝不仅限于实现这种简单的操作，它还能自主判断并执行更为复杂的事情。比如，当照明设备感知到家中无人时，设备将信息发送给电热器，接收到信息的电热器便会自动停止工作，从而减少电力消耗及预防火灾。

据估算，全世界约有 1.5 兆亿的物体，但是仅有 100 亿左右的物体连接至网络中。据相关报告显示，至 2020 年将有 500 亿物体连接到网络中。

那么，这种高端技术是如何实现的呢？答案便是传感技术，这也是物联网技术的核心之一。传感器是将温度、压力、速度等信息转换为电信号的装置。根据所要检测信息的不同，传感器也分为不同种类。观察下列图片，与同学讨论图中物体的名称、功能及应用领域。

名称：_____

功能：_____

应用领域：_____

名称：_____

功能：_____

应用领域：_____

名称：_____

功能：_____

应用领域：_____

名称：_____

功能：_____

应用领域：_____

你还知道哪些设备中利用了传感器技术，它们又是如何应用于实际生活中的？

传感器名称	传感器说明	适用领域

 科技加油站

物联网的四大核心技术

物联网所运用的技术有很多，其中最核心的技术有四种，分别是传感技术、射频识别（RFID）技术、GPS 技术及无线传感器网络（WSN）技术。

1. 传感技术。传感技术同计算机技术与通信技术共同被比作信息技术的三大支柱。若将计算机比作处理和识别信息的"大脑"，将通信系统比作传递信息的"神经系统"，那么传感器就是"感觉器官"。传感技术是物联网感知层的重要基础。

2. 射频识别（RFID）技术。RFID 又称无线射频识别，属于物联网的信息采集层技术。

3. GPS 技术。GPS 技术又称全球定位系统，GPS 作为移动感知技术，实现物联网能够采集移动物体的信息。

4. 无线传感器网络（WSN）技术。WSN 是 Wireless Sensor Network 的简称，其基本功能是将一系列空间分散的传感器单元通过自组织的无线网络进行连接，从而将各自采集的数据通过无线网络进行传输汇总，以实现对空间分散范围内的物理或环境状况的协作监控，并根据这些信息进行相应的分析和处理。

 观察生活中的物品，想一想，安装哪些设备后，生活物品能够实现智能化？又能增加哪些功能？

物品名称	所需设备	新增功能

第十一课 ▶ 乐声飞扬

>>>>

场景导入

　　乐器能够发出悠扬的乐声，给我们以美妙的享受。所有能够发出乐音，表达人类情感的器具都可以被称为乐器。

　　中国古琴是世界上最早的弦乐器，有 3000 多年的历史。关于古琴的诞生有许多说法，《琴操》有记载"伏羲作琴"，汉代《新论》中有记载"神农之琴，以纯丝做弦，刻桐木为琴"。从中看出有关乐器的文化真是博大精深。就让我们一起走进本课，探索与乐器相关的知识吧！

117

知识课堂　乐器争鸣

　　乐器一般可以分为民族乐器和西洋乐器，中国民族乐器历史悠久，源远流长，上文提到的古琴就是其中的代表。

　　琴位列中国传统文化四艺"琴棋书画"之首，是文人墨客必修的课程。许多诗词歌赋中都曾提到过琴。《诗经·关雎》中有"窈窕淑女，琴瑟友之"；《诗经·小雅》中也有"琴瑟击鼓，以御田祖"的记载；汉朝司马相如凭一首古琴曲《凤求凰》赢得卓文君的芳心。

小博士

　　司马相如原本家徒四壁，但他才华横溢，梁王慕名请他作赋。司马相如写了一篇《如玉赋》送给梁王，梁王非常高兴，将自己收藏的"绿绮"琴回赠。司马相如娴熟的琴技配上绿绮的琴音，使得绿绮名噪一时。齐桓公的"号钟"、楚庄王的"绕梁"、司马相如的"绿绮"和蔡邕的"焦尾"并称为古代四大名琴。

　　查一查除"绿绮"外，关于其他三大名琴的传说或典故，并与同学们分享。

　　琵琶也是中国传统民族乐器之一，是公认的弹拨乐器首座，由木头制成，音箱为半梨形，有四根弦，演奏时左手按弦，右手弹奏。琵琶音域很广，是民乐中表现力最为丰富的乐器。琵琶最早出现在秦朝，已经有 2000 多年的历史。

琵琶的发展在唐朝被推向一个高峰，成为当时非常流行的乐器，这种盛况在文学作品中有所体现。白居易写过一首《琵琶行》，描绘琵琶强大的表现能力，"嘈嘈切切错杂弹，大珠小珠落玉盘"；诗人王翰在《凉州词》中写过"葡萄美酒夜光杯，欲饮琵琶马上催"。足见琵琶已经成为当时盛行的乐器。

在壁画中也有琵琶的相关记录。右图为莫高窟壁画"伎乐图"之"反弹琵琶图"，描绘了伎乐天随着乐曲起舞，举足旋身，使出反弹琵琶绝技时的模样。

古筝是中国民族传统乐器之一，属于弹拨乐器，早在公元前 5 世纪至公元前 3 世纪的战国时期就在当时的秦国广泛流传，因此又名秦筝。早期琴弦以马尾、鹿筋为原料，现代以尼龙钢丝弦为主流。

1965 年，当时还只是上海音乐学院学生的王昌元，在上海港码头体验生活时，有感于工人和台风搏斗作了一首筝独奏曲《战台风》，其创新技法使用扫摇四点、密摇、扣摇等来制造台风效果，结束了古筝只能轻弹慢捻的时代。

扫描下方的二维码，即可欣赏筝独奏曲《战台风》。

筝独奏曲《战台风》

想一想 你还知道哪些西方乐器以及相关名人、文化典故？和同学一起交流吧！

实验 乐音的特性

在上面的活动中，我们认识了许多乐器，不同的乐器能发出不同的声音，这是为什么呢？

科技加油站

响度、音调和音色是反映声音特性的三个物理量，人们常将它们称作声音的三个要素。

声音的响度与声源振动的幅度有关，振幅越大，响度越大。声音音调的高低决定于声源振动的频率，频率越高，音调越高。声音的音色与声波的波形有关。

其中，听声辨乐器主要是根据乐器的音色不同来判断的。中外乐器众多，每种乐器的音色各不相同。例如，琵琶的音色清澈、明亮，二胡的音色柔美、抒情，唢呐的音色高亢、明亮，三角钢琴的音域宽广、音色变化丰富，大提琴的音色热烈而丰富……

扫描下面的二维码，仔细聆听电影《闪光少女》中民乐与西洋乐对战片段，仅通过听来分辨其中都有哪些乐器。

《闪光少女》片段

你能分辨出哪些乐器？

_____

_____

创意设计

项目实践 机械臂弹音奏曲

项目要求：编程控制机械臂弹奏《两只老虎》。

项目评分：（1）项目完成度（70%）。

（2）项目完成时间（15%）。

（3）自主学习、团队合作（15%）。

世界上有许多著名的演奏家，而在新西兰音乐艺术家 Nigel Stanford 的作品《Automatica》的 MV 中，他让机械臂成为乐队的主角，通过机器人动画编程软件让这些机械臂拥有了高超流畅的演奏技巧。无论是钢琴、贝斯、转盘，还是合成器，这群机器人乐手都能轻松驾驭（扫描右边的二维码，观看机械臂大展身手吧）。

在这里，我们也能利用机械臂完成乐器弹奏。想一想，如果要使用机械臂弹奏电子琴乐曲《两只老虎》，该怎样使用编程软件搭建我们的程序模块。

机械臂演奏家

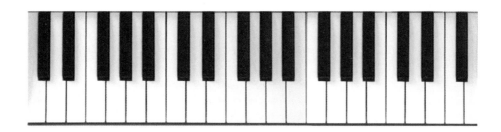

小博士

编程时将程序划分为若干个小部分并逐一解决是一种非常重要的思维方式。自顶向下分析是常见的分析复杂问题的方式。

自顶向下分析将大而复杂的问题分解为相对简单的问题，找出每个问题的关键点所在，然后用精确的思维定性、定量地去描述问题，其核心本质是"分解"。

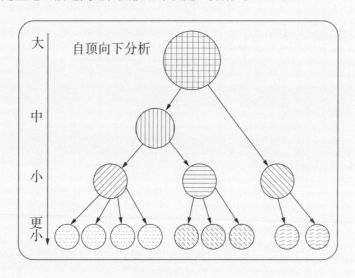

我们可以尝试用自顶向下的方式分析怎么编程演奏《两只老虎》。

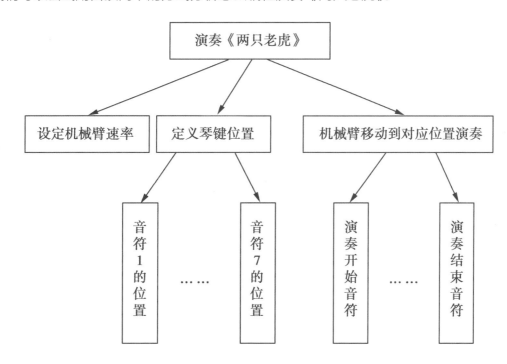

为了让机械臂每次敲击都依次对应一个琴键，而不会触及旁边的琴键，我们可使用指定步长循环功能快速方便地进行测试，通过改变步长的值，找到最适合使用的琴键间距，具体循环模块如下图所示。

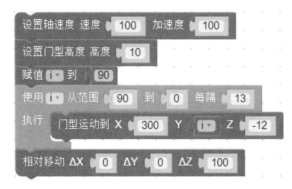

从本示例中找出的最佳琴键间距为 13，根据放置位置和设备的不同可能有不同的最佳琴键间距，可根据自己的实验找出最适合的琴键间距。如下图所示。

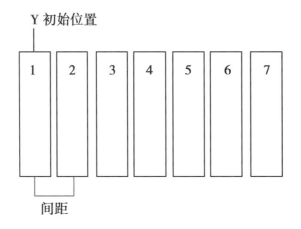

琴键的间距确定好后，接下来定义琴键，也就是根据间距把每个琴键对应的 Y 坐标赋值给以音符名称命名的变量。简便起见，我们只定义七个变量，分别名为 1,2,3,4,5,6,7，调整好电子琴和机械臂的位置，找到最适合弹奏音符 1 的 Y 坐标，然后把该 Y 坐标的值依次递减 13 赋值给之后六个音符。由于定义琴键的模块较多，可以定义一个命名为"定义琴键"的函数将这些模块收入其中。如下图所示。

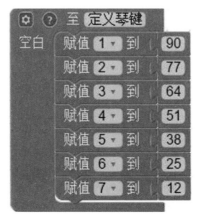

小博士

　　这样一个函数放到主程序里还是太长，可以用一个新功能——函数折叠。右击该函数模块，点击"折叠块"，即可实现函数模块的折叠，这样一个函数就只展示一个模块的位置，需要修改的时候再右击点击"展开块"即可。如下图所示。

1. 定义弹奏琴键动作

　　通过"定义琴键"函数完成了每个琴键对应 Y 坐标的赋值，要使机械臂通过一定指令移动到对应琴键并弹奏，需要为机械臂指出该琴键相对应的 X，Y，Z 坐标，以及设定一种移动方式。弹奏用到的最适合的移动方式是门型移动，用门型移动方式移动到第一个琴键并弹奏的编写示例如下图所示。

　　为了方便调用和简洁美观，我们把弹奏音符 1 的功能模块也定义为一个单独的函数，命名为"1"，弹奏音符 1，如下图所示。

　　弹奏其他音符的函数与弹奏音符 1 的函数类似，只要依次改变 Y 坐标为对应的音符变量名

称即可，分别定义弹奏 7 个音符函数的示例如下图所示。

2. 定义乐谱

用机械臂弹奏《两只老虎》，把这首歌的乐谱定义为一个函数，以乐曲名"两只老虎"命名函数，然后按照乐谱将定义好的弹奏对应琴键的动作函数逐个依次拉入，乐谱段与段之间或需要两个拍子的地方加入适当的延时以实现短暂的停顿和延时。为了简化程序，暂不通过改变机械臂的速度而实现弹奏半拍的音符，直接按一拍处理。

两 只 老 虎

$1=C\ \dfrac{4}{4}$

1 2 3 1 | 1 2 3 1 | 3 4 5 - | 3 4 5 - |
两 只 老 虎，两 只 老 虎，跑 得 快，　跑 得 快，

5·6 5·4 3 1 | 5·6 5·4 3 1 | 2 5̣ 1 - | 2 5̣ 1 - ‖
一 只 没 有 眼 睛，一 只 没 有 耳 朵，真 奇 怪，　真 奇 怪。

 做一做

上图只给出部分的"两只老虎"函数，请同学们动动手，将完整的函数模块搭建出来。

最后将定义好的函数模块拼接在一起,如下图所示。

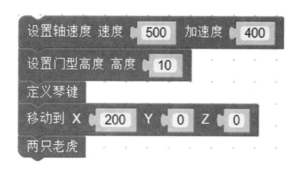

连接计算机与机械臂,测试机械臂能否按照乐谱依次点击正确的琴键(在 A4 纸上打印出琴键,机械臂模拟弹奏乐曲)。

试一试

根据测试结果,修改或完善本组的程序。如果情况允许,各小组可尝试用机械臂敲击真正的钢琴琴键,举办一场小型音乐会。

分享与评价

交流分享

1. 为了保证演奏的顺利进行,测试琴键最佳间距需要非常精准,你有哪些测量小窍门?

_____

_____

2. 想一想,可以让机械臂不使用门型移动而使用点到点的移动吗?

_____

_____

3. 该如何通过改变机械臂的速度实现弹奏半拍的音符?

_____

_____

综合评价

评价方法	评价环节	评价内容（行动指标）	评价标准 根据实际情况做出合理评价，给下面的星星涂色
自我评价	场景导入	了解东、西方乐器相关知识	☆ ☆ ☆ ☆ ☆
		掌握乐音的特性	☆ ☆ ☆ ☆ ☆
	创意设计	与同伴相互配合，积极交流	☆ ☆ ☆ ☆ ☆
相互评价	创意设计	准确测量琴键位置	☆ ☆ ☆ ☆ ☆
		搭建简洁可用的程序模块	☆ ☆ ☆ ☆ ☆
		能与同伴相互合作，并成功完成任务	☆ ☆ ☆ ☆ ☆
	分享与评价	能与同伴交流课堂心得	☆ ☆ ☆ ☆ ☆

技能拓展

 做一做

　　根据上面所学，大家尝试用机械臂演奏民歌《茉莉花》。将你搭建的程序模块截图打印后放在下面的方框里，与同学比一比，看看谁的主程序更简洁。

茉 莉 花

1=♭E 4/4

中国民歌

3　3 5 6 1 1 6 ｜ 5　5 6 5　－ ｜ 3　3 5 6 1 1 6 ｜

好 一朵美 丽 的　茉 莉 花，　好 一朵美 丽 的

5　5 6 5　－ ｜ 5　5 5 5　3 5 ｜ 6　6　5　－ ｜

茉 莉 花，　芬 芳 美 丽 满 枝 丫，

3 2̲3 5 3̲2 | 1 1̲2 1 - | 3̲2 1̲3 2·̇ 3 |

又 香 又 白 人 人 夸。 让 我 来 将

5 6̲1 5 - | 2 3̲5 2̲3 1̲6 | 5·̣ - 6 1 |

你 摘 下， 送 给 别 人 家， 茉 莉

2·̣ 3 1̲2 1̲6 | 5·̣ - - 0 ‖

花 茉 莉 花。

第十二课 ▶ 光感智能灯

>>>>

场景导入

在日常生活中，各式各样的灯随处可见，如白炽灯、节能灯及更高级的声控灯等。它们的出现主要是为了满足我们的需求，如节能灯满足了对节约能源的需求，声控灯满足了对生活便捷的需求。如果我们需要灯光在入夜后自动亮起，天亮后自动熄灭，那么应该制作出怎样的灯呢？

知识课堂　光电效应与光敏传感器

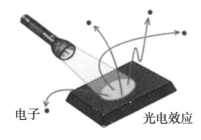

电子　　　　　　　　　光电效应

光电效应是光照射到某些物质上（如铷、钾、钠钾合金、钠、锂），使该物质的导电特性发生变化的一种物理现象，可分为外光电效应、内光电效应两种。外光电效应是指在光线的作用下，物体内的电子溢出表面向外发射的现象；而内光电效应是指在光线作用下，物体的导电性能发生变化或产生光生电动势的效应。

太阳能电池板

光敏传感器是以光为媒介、以光电效应为基础的传感器，主要由光源、光学通路、光电器件及测量电路等组成。它的种类繁多，主要有光电管、光电倍增管、光敏电阻等，其中最简单、最常见的电子器件是光敏电阻。光敏电阻能感应光线的明暗变化，输出微弱的电信号，通过简单电子线路放大处理，可以控制 LED 灯具的自动开关。

光敏电阻

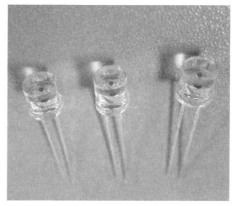

光敏二极管

 想一想 阅读下面的故事，思考我们能否利用光敏传感器来帮助陶陶解决难题。

正在读初三的陶陶经常熬夜学习，周末在家学习的他发现，由于学习太过投入，傍晚时分每每等到光线非常暗，眼睛感到不舒服以后，自己才发觉应该开灯，为什么灯光不能在周围光线变暗后自动亮起呢？

创意设计

如果我们能够制作出一台光感智能灯：当环境光线变暗后，灯自动打开；当环境光线变亮后，灯自动关闭。具备这一特殊功能的光感智能灯一定可以解决陶陶的问题。下面，我们尝试利用机械臂与光敏传感器等工具，制作光感智能灯。

项目实践　制作光感智能灯

项目要求：针对陶陶的难题，利用软、硬件知识制作能够根据光线变化而自动开关的光感智能灯。

项目评分:（1）光感智能灯的制作（70%）。

（2）自主学习、团队合作（30%）。

1. 填写下表，梳理陶陶的难题，制订问题的解决方案

小组	
问题分析	陶陶需要解决的问题是：
解决思路	结合传感器知识，说说如何解决陶陶的问题：
作品制作	硬件与软件需求：
	任务分工：

2. 参考下面的资料，学习相关硬件知识

（1）LED 灯泡

　　LED 灯泡又叫发光二极管，是一种电光源，通电时，它可以将电能转化为光能。当电流流过它时，电子与空穴在其内复合而发出单色光，而光线的波长、颜色跟其所采用的半导体材料的种类与掺入的元素杂质有关。LED 灯泡的结构示意图如左下图所示。LED 有正负极，使用时要注意不要接反。可以根据引脚长度判断 LED 的正负极，引脚长的为正极，引脚短的则为负极，如右下图所示。

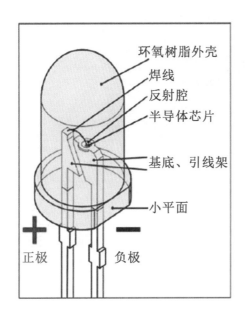
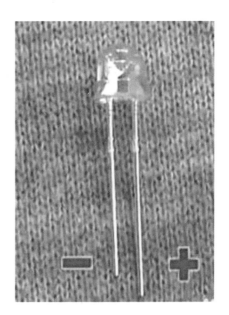

（2）杜邦线

　　杜邦线可用于实验板的引脚连接，它可以非常牢靠地和插针连接，无须焊接从而快速进行电路试验。杜邦线分为公对公、公对母和母对母三种，本次活动中使用的是母对母类型。

（3）光敏传感器

　　传感器是一种检测装置，能够感知到被测量的信息，并将所感知信息转换为电信号或其他

所需形式的信息，它是实现自动检测和自动控制的首要环节。根据感知功能，传感器通常可分为热敏元件、光敏元件、气敏元件、力敏元件、磁敏元件、湿敏元件、声敏元件、放射线敏感元件、色敏元件和味敏元件十大类。

光敏传感器利用光敏电阻来感应光线的明暗变化，并把光信号转变为电信号，根据电信号的不同，可以获得光线的变化情况。如下图所示。

光敏传感器有三个引脚，除了电源和 GND 接地引脚外，第三个是 SIG 引脚，SIG 即 signal 的简称，SIG 引脚是负责将信号输出到处理器的引脚。

（4）机械臂 EIO 接口

EIO(Extended I/O)，也即扩展输入、输出接口，通过 EIO 接口，机械臂可实现与外接设备的连接。机械臂的小臂和底座上都有 EIO 接口，包括小臂接口、底座 18PIN 接口、底座 10PIN 接口。EIO 接口具有统一的编址，其中小臂接口板 EIO 编址如下图所示。

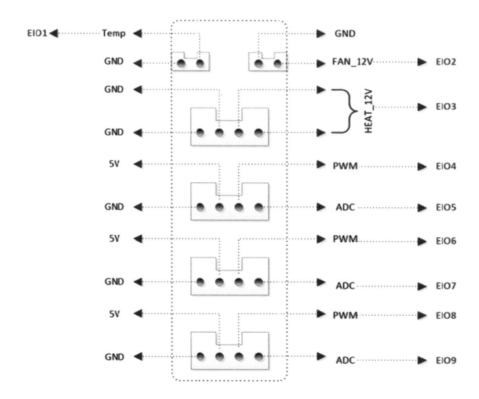

（5）LED 与机械臂连接

连接方法见下图。

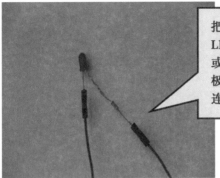

把两根杜邦线分别连接 LED 的两个引脚，用红色或其他鲜艳的亮色连接正极，用黑、灰、白等暗色连接负极。

连接好后将 LED 的正极接到一个 EIO 接口，负极连接到第二个接口的 GND 上。本例中使用 EIO7 端口。

（6）光敏传感器与 EIO 接口连接

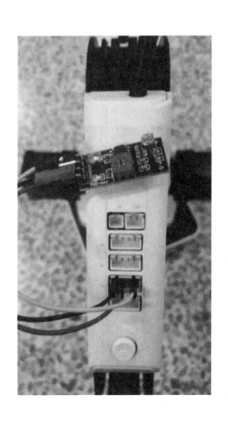

将三根母对母杜邦线的三个引脚连接起来，分别接到机械臂小臂的接口上，此处以小臂第二个接口为例（如右图）。GND 对应第一个引脚 GND，光敏传感器需要 5V 电源供电，将其连接到第二个引脚。因为光敏传感器接收到的光线信号是模拟信号，所以需要通过 ADC 转换为数字信号，将 SIG 连接到 EIO7 引脚，便完成了光敏传感器的连接。

（7）光线数据的读取

步骤 1：打开 DobotBlockly，在 DobotAPI 的 I/O 分类里找到"设置 EIO 类型"模块，设置"EIO7"为"ADC"

类型，如下图所示。

步骤2："打印获取 ADC 输入"设置为"EIO7"端口，如下图所示。

打印 获取ADC输入 EIO7

步骤3：编写程序，获取连续数据，如下图所示。此时运行程序，可以在运行日志区看到光敏传感器返回的光线数值。

3. 制作光感智能灯

在晚上光线不足的时候光感智能灯自动亮起，等天亮了光线明亮后自动关闭。下面，请同学们根据已掌握的知识，利用所提供的材料与工具，制作光感智能灯。

（1）检查材料与工具，确认有无缺失，可根据本组的设计增加或删减部分物品。

（2）连接硬件，注意硬件连接是否正确。

（3）打开 DobotBlockly 编写代码，基本程序示例如下图所示，可根据本组的设计需求与实验测量得出的传感器返回值，编写与修改程序代码。

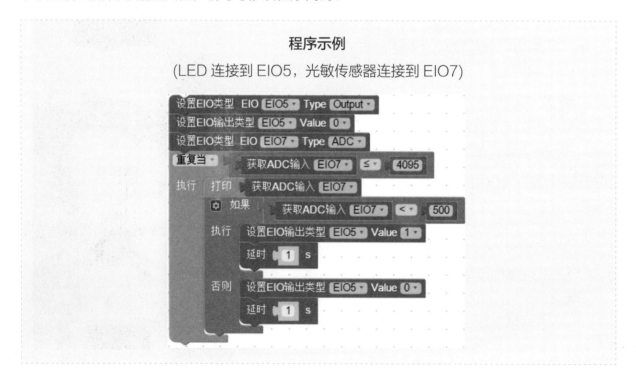

程序示例

(LED 连接到 EIO5，光敏传感器连接到 EIO7)

（4）上传并运行程序，测试光感智能灯能否正常工作。

（5）制作完成后，各小组分别展示本组的作品。

分享与评价

交流分享

总结并反思比赛中出现的问题以及应对措施，整理本课的学习收获与感想。

小组	
是否成功解决了陶陶的难题	
制作过程中遇到的问题	
针对作品制作的反思	
学习收获与感想总结	

综合评价

评价方法	评价环节	评价内容（行动指标）	评价标准 根据实际情况做出合理评价，给下面的星星涂色
自我评价	问题分析能力	能够很好地分析陶陶所面临的问题，并制订出科学合理的问题解决方案	☆ ☆ ☆ ☆ ☆
	问题解决能力	能够结合实际问题，利用各种材料与工具制作出光感智能灯	☆ ☆ ☆ ☆ ☆
	参与度	能够积极参与小组活动，主动承担个人任务分工	☆ ☆ ☆ ☆ ☆
相互评价	团队合作能力	在比赛过程中，能够互帮互助，共同完成本组的作品	☆ ☆ ☆ ☆ ☆

技能拓展

自动调节亮度的光感智能灯

陶陶又遇到了一个新的难题，如果光感智能灯能够自动调节亮度，那么在不同时间段房间内光线发生变化后，自己的眼睛也能够在灯光的帮助下适应新的环境。请同学们思考如何让光感智能灯实现自动调节亮度的功能。

知识课堂 光对人体生物节律的影响

光是人类观察和认知世界所必不可少的，但是光并不仅仅只是为我们提供了视觉信息，同时也参与了人体的很多生化反应，其中最重要的是对人体生物节律的调节，包括昼夜节律、激素分泌和警觉程度等，即所谓的人体非视觉生物效应。研究已经证明，光暗周期是使得人类内源性昼夜节律与地球自转同步的主要环境信号。光暗周期的变化，如夜间灯光照明，会导致人体昼夜节律发生变化，心率、睡眠、体温等生理参数也都受到光照的影响。

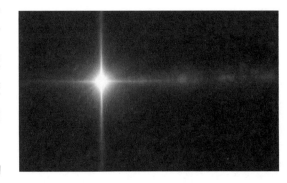

光信号通过人眼的第三种感光细胞刺激人体的

生物钟，从而调节人体的日常生理节律以及季节性生理节律。人体的内在生物钟周期大概在 24 时 15 分到 24 时 30 分之间，稍长于自然界的 24 时的昼夜节律。同样，控制睡眠的褪黑激素的分泌也有着一定的昼夜节律，白天褪黑激素分泌较低，晚间褪黑激素分泌达到高峰。褪黑激素在白天抑制分泌使人保持清醒，天黑开始分泌使人入睡，保持这样规律的昼夜节律对于人体健康是非常重要的。但是，研究显示，光照强度对于褪黑激素的分泌有明显的作用，一般来说，光照强度越强，对褪黑激素的抑制作用就越大。因此，我们夜间所接受的光照是有可能干扰睡眠的，光照强度越大，对人体生物节律的影响就越大。

想一想

我们能否通过调节夜间灯光的强弱来降低夜间光照对人体生物节律的影响？想一想，如何制作能够自动调节亮度的光感智能灯？

1. 目前，市面上已经出现可手动调节亮度的台灯。搜集资料，调查台灯亮度调节的原理。

_____

_____

_____

2. LED 灯泡仅能够接收数字信号，程序能够控制 LED 灯泡亮与不亮，而无法调节亮度。请结合这一点，可从更换灯泡或控制灯泡数量两个角度，分析如何实现光感智能灯自动调节亮度的功能。

_____

_____

_____

3. 根据分析结果，准备所需材料与工具，试验验证自己的设想。

_____

_____

_____